HANDBOOK OF UME

育てて楽しむ

ウメ

栽培・利用加工

Otsubo Takayuki
大坪 孝之

創森社

収穫適期の果実（南高）

ウメ世界への誘《いざな》い～序に代えて～

ウメほど日本人と関わりの深い樹木はありません。ウメには、大きく三つの魅力があります。一つは、古い歴史のロマンを感じさせることです。二つ目は、寒さに耐え百花にさきがけて咲き、われわれ日本人の精神文化に深く関わっている点です。三つ目は、私たちにとって身近な樹木で、花も実も楽しめるということです。とくにウメ干しは健康食品の代表格です。庭のある家庭ならウメの1本くらいはあり、庭木の代表格でもあります。

ウメの1年は花から始まります。ウメの三つの魅力をひもとくのも、この季節からです。実を楽しむにも、咲いた花の良否、受粉、剪定などが関わっています。家庭のウメを見ますと、花は咲いても、実は十分に楽しめていない家庭が多いように思います。ウメは栽培しやすい樹木なので、剪定や結実についてもポイントをつかめば簡単に育てられます。植え木屋任せにしないで、自分でやってみてください。この本では、摘心、芽かき等を中心とした剪定、結実管理、接ぎ木等にはとくに力を注ぎました。また、花も楽しんでいただきたく、鉢植えの頁を加えました。

本書は家庭でウメを楽しんでいただくための指南書としてまとめましたが、多少なりと果実を販売目的で栽培される方、梅園その他でウメの栽培管理をされる方等にも参考にしていただけるものと考えます。長年、ウメの栽培、研究に関わってきたなかで、大事なことはすべて取り上げたつもりです。読者のみなさんが庭先や畑、さらに鉢、盆栽などで実ウメ、花ウメを育てたり楽しんだりするのに本書を役立てていただければ幸いです。

2015年　ウメの香りが漂うころに

大坪　孝之

育てて楽しむウメ　栽培・利用加工――もくじ

収穫適期の紅サシ

月世界の収穫果

黄ウメジャム

●MEMO●

◆本書の栽培は関東南部、関西平野部の温暖地を基準にしています。生育は地域、品種、気候、栽培管理法によって違ってきます。

◆果樹園芸の専門用語、英字略語などについては、初出用語下の(　)内で解説しています。

ネットに集めた中粒の収穫果（鶯宿）

ウメ酒は世界に誇る名リキュール

〈主な参考文献〉

『よくわかる栽培12か月 ウメ』大坪孝之著（NHK出版）

『農業技術大系 果樹編6』（農文協）

『新版 果樹栽培の基礎』杉浦明編著（農文協）

『おいしく実る家庭で楽しむ果樹づくり』大坪孝之著（家の光協会）

『農家が教える果樹62種 育て方楽しみ方』農文協編（農文協）

『日本の梅・世界の梅』堀内昭作編集（養賢堂）

第1章

ウメの魅力と生態・種類

肥大した果実（南高）が成熟期を迎える

果樹としてのウメの特徴

ウメの植物学的分類

ウメ（*Prunus mume* SIEB.etZUC）は、バラ科サクラ属のスモモ亜属に属し、アンズ（*Prunus armeniaca* または*Prunus ansu*）やニホンスモモ（*Prunus salisina*）と、植物学的にきわめて近縁です。栽培されている地域も比較的近いので、開花期さえ合えば容易に交雑し、長い間にたくさんの雑種ができています。

したがって、ウメの品種の中には、多かれ少なかれアンズの血筋を含んでいるものが少なくありません。一方、ニホンアンズの品種にもウメの血筋を含んでいる種類がたくさんあります（**表1**、**表2**）。

なお、植物学者の牧野富太郎氏は野梅《やばい》、小梅《こうめ》、緑萼梅《りょくがくばい》、座論梅《ざろんばい》、豊《ぶん》後梅《ごうめ》の五つの変種をあげています。

表１　ウメ、アンズの類縁による分類

純粋梅	杏性梅	中間梅	梅性杏	純粋杏
小梅《こうめ》	白加賀《しろかが》	養老《ようろう》	小杏《こあんず》	平和《へいわ》
青軸《あおじく》	長束《なつか》	紅加賀《べにかが》	豊後《ぶんご》	新潟大実《にいがたおおみ》
	藤五郎《とうごろう》	鈴木白《すずきしろ》	高田梅《たかだうめ》	李小杏《すももこあんず》
	南高《なんこう》	太平《たいへい》		

注：①下段は品種名
　　②みなべ町（和歌山県）HPをもとに作成

原産地と来歴

日本にもウメが自生していたという説もあり、原産地は中国、台湾、朝鮮半島、日本を含む広い地域と考えられたこともありました。しかし、今日では、ウメは中国の原産で、わが国へは中国から渡来したというのが定説となっています。

中国での原生地は、長江流域の山岳地帯であると考えられてきましたが、最近では雲南省西北部、四川省西南部、およびチベット東南部の標高１９００～３０００ｍの地域にも、ウメの原生分布があるという報告があります。

日本への渡来は、弥生時代と考えられています。モモの核《かく》は、縄文遺跡から発見されているのに、ウメの核は縄文遺跡からは発見されず、弥生時代の遺跡からのみ発見されているようです。

アンズの血筋をひくウメ（豊後）

表２　ウメとアンズの形態的、生態的区別点

	ウメ	アンズ
気候	比較的温湿地を好む	比較的寒冷地を好む
樹姿	開張性になりやすい	強く直立性
樹皮	灰、あるいは淡緑色	淡紅色
小枝	緑色	淡褐色
葉	基部広楔形、あるいは截形、倒卵形〜楕円形。長さ５〜８㎝、幅３〜５㎝。先端尖頭で長く、鋸歯尖細	基部心臓形、あるいは円形、広卵形。長さ５〜９㎝、幅４〜７㎝。先端尖頭で短く、鋸歯粗鈍
花芽	腋花芽は一般には１〜２個	腋花芽２〜５個
花芽の色	淡褐色	濃褐色
萼片	平開	反転
花	小。白、またはピンク色	大。ピンク色〜紅色
開花期	早い	遅い
果実	硬く酸味強い。粘核	軟らかく酸味少ない。離核多い
核面	点刻、紋様多い	平滑、あるいは網目状

注：『農業技術大系　果樹編６』農文協をもとに作成

わが国における、最初のウメの文献は『懐風藻』（７５１年）や『万葉集』（７５９年以降）で、このころすでに中国文化とともに花ウメが渡来、栽培されていたようですが、実ウメについては、『延喜式』（９２７年）には記載がありません。室町時代の『尺素往来《せきそおうらい》』（１４８７年）に、菓子の種類として記されているので、鎌倉時代以降に、栽培されていたと考えられています。

ウメは中国では、実を薬用として尊重し、ついで花の美しさが観賞の対象となったのに対し、日本では花の観賞が先で、果実の利用は後であったようです。「塩梅《あんばい》」という言葉からもわかるように、中世以降、ウメの果実が生活に欠かせないものとなっています。

ちなみに、ウメの語源は、烏梅《うばい》（梅の中国語音はメイ）からといわれています。烏梅はウメの実の黒焼きのことで、中国では鎮痛、整腸など薬効範囲の広い最高の薬として重用されていました。

果樹園芸としてのウメ

果樹園芸としてのウメの特徴を、五つばかり述べておきましょう。

①果実は加工用のみで、多くは未熟果のうちに収穫します。

②果実は酸味が強く、健康食品としての評価が高い果実です。

③開花期の気象条件に結実が左右されやすく、生産が不安定です。

④致命的な病害虫はなく、育てやすいため、花の観賞も兼ねて庭木として多く栽培されています。

⑤全国的に広く栽培できますが、地方品種がたくさんあります。

枝、葉、花、芽、果実、根などの特徴

枝の特徴

◆実のつく短果枝群

水平ぎみに誘引し、樹勢が落ち着いた枝ぶりの短果枝群。この状態になると、剪定する枝も少ない

発芽は3月下旬から4月上旬ころで、短い枝はわずか2～3週間で伸長を停止しますが、徒長枝《とちょうし》（勢いよく長く伸びた枝）など長い枝は、3か月くらい伸長します。

ウメは一般的に頂部優勢（先端が直立ぎみに強く伸びる生育特性）が強く、頂芽（茎や枝の先端につく芽）とそれにつづく2～3の腋芽《えきが》（葉が茎につく、その葉腋にできる芽）がいくらか長く伸長しますが、あとは実のつく10cm以下の短い枝、すなわち短果枝《たんかし》を形成します。もちろん、南高《なんこう》や十郎《じゅうろう》など一部の品種では、それほど頂部優勢が強くない品種もあります。

多くのウメは主に短果枝に結果するので、短果枝は生産上、重要な枝になります。伸長停止後、枝の太さが増し、落葉期まで枝梢内に養分を蓄積します。

葉の形状と特性

ウメの葉の形は、系統によっても異なりますが、卵形ないしは楕円形で先端が鋭く、アンズは円形で先端が、やや鈍い傾向があります。純粋なウメほど葉が細長く、純粋なアンズほど丸形のようです。

また、葉の毛じ《もう》（表面に生じる毛状の突起物）はウメにはほとんどありませんが、アンズにはほとんどにあるようです。さらに、葉縁には細かい鋸歯があり、葉柄の基部には二

図1　葉の形状

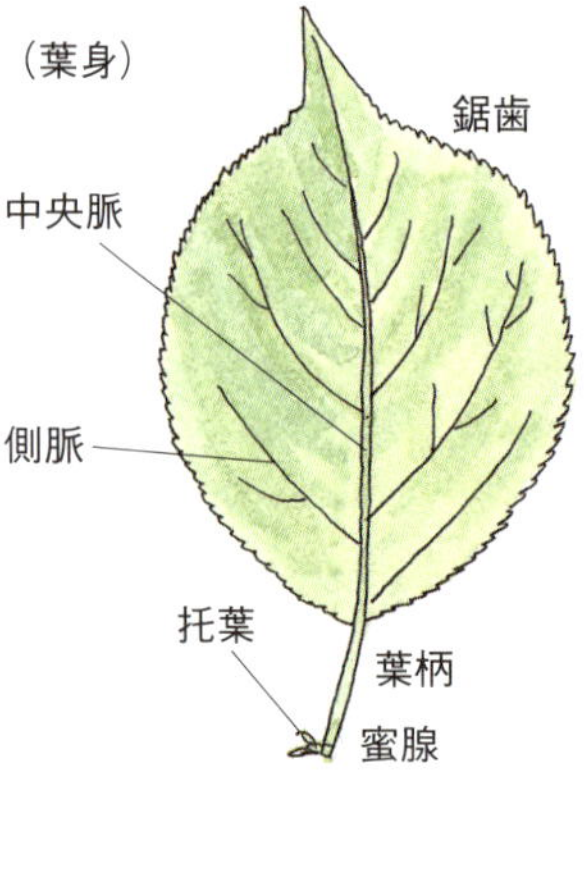

つの蜜腺があります。葉は芽の休眠を支配しており、芽は葉を失うと発芽しやすくなります（図1）。

初秋、台風などで落葉後、返り咲きが見られるのはこのためです。ちなみに、多くの花芽《はなめ》（生長して花になる芽。かがともいう）は9月ころが、もっとも休眠が深い時期です。

図2　花の構造

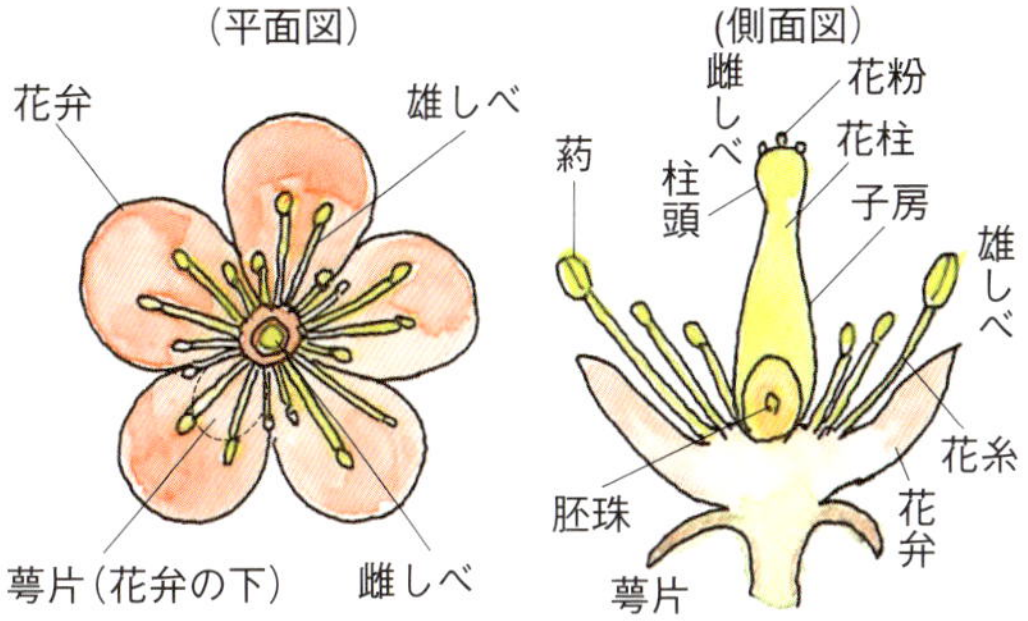

注：①雌しべ（雌ずい）は子房、花柱・柱頭からなる
②胚珠で卵細胞を分化し、受精後、子房の部分が果実に発育する

植物にとって、葉は栄養をつくる非常に重要な器官であることは、いうまでもなく、ウメの生産にとっても、秋遅くまで健全な葉をつけていることが重要です。栄養の蓄積が少なければ、結実の望めない不完全花が多くなります。

花の特徴

実ウメの花色は白が多いが薄紅色、桃色もある

実ウメの花の多くは白ですが、薄紅からピンクの品種もあり、花ウメのように紅の濃い品種はありません。花弁は、単弁の品種は5枚ですが、ときに6〜7枚くらいの花が混ざることがあります。

重弁の品種は、5の8倍にあたる40枚で、これこそ本当の八重ですが、八重と呼ばれるものの多くは、3倍にあたる15枚で、中には20枚や25枚の品種もあります。5の倍数にならない、イレギュラーなものもあります。雌《め》しべ（雌《し》ずい。花を構成する部分で子房、花柱、柱頭からなる）は単弁花では1本、重弁花では1本だけでなく、2本以上ある花が混在するのは珍しくありません（図2）。

花ウメの「夫《め》婦《おと》枝《し》垂《だ》れ」は雌しべを2本持ち、果実も2個なるものが多く、品種名の由来になっています。鴛鴦《えんおう》という品種は雌しべを2〜3本持ち、果実も2〜3果なるものが多いことから、「夫婦梅《めおとうめ》」とも呼ばれます。

さらに八房《やつぶさ》という品種は、雌しべが1本のものが多いのですが、4〜5本から多いものでは8本有するものもあります。果実が、1花に4〜5果なることは珍しくはありませんが、きわめてまれに8果なることもあります。

果実が８果なることもある品種の八房

花芽と葉芽

ウメは1節に、通常1〜3芽を着生します。1芽（単芽）のことは少なく、多くは2芽以上、すなわち複芽を形成します。芽には花芽と葉《は》芽《め》（生長して枝や葉となる芽。ようがともいう）があり、2芽以上の場合、両者が混在することもあれば、一方だけのこともあります。

混在する場合は、中央が葉芽で両サイドが花芽あるいは左右いずれかが花芽です。

ウメはサクラに比べて葉芽が多く、長さ数cmの細い短果枝を除いては、各節にたいてい葉芽を持つので、結果枝を切り詰めても、残った部分にも葉芽があり、枯れ枝になることはありません（**図３**）。

また、ウメは整枝が容易で、太い

図3　結果習性と花芽・葉芽

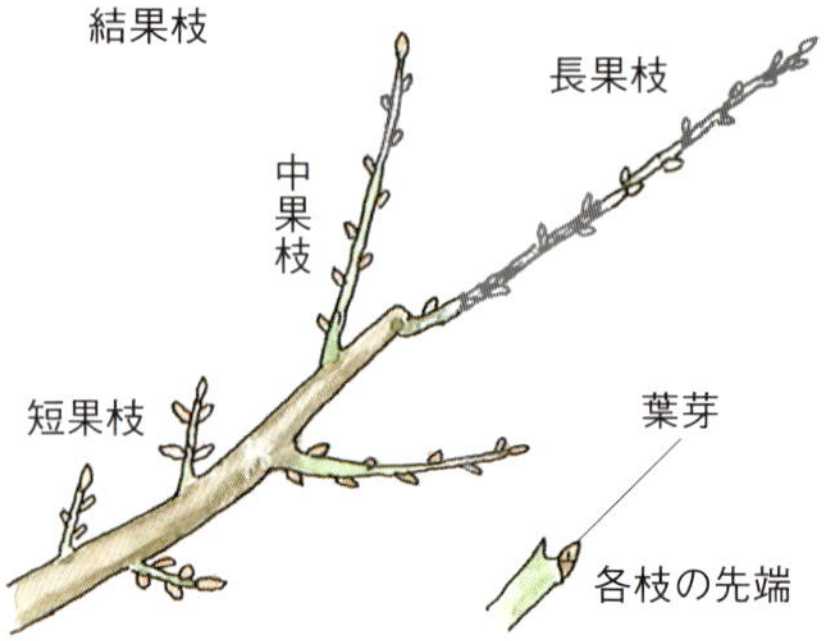

どの枝も先端は葉芽。ただし、短小の結果枝にはない場合もある。長果枝や中果枝は、枝の基部数節に花芽のみの場合があるが、多くは1節に花芽と葉芽を持つものが多い。花芽のつき方や果実のつき方を結果習性という。中果枝や短果枝によく着果する。

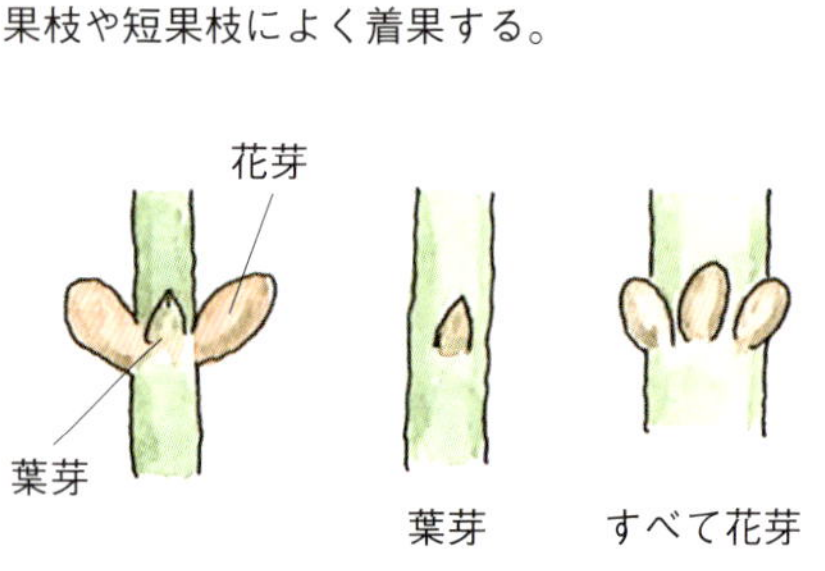

1節に1芽だけを単芽、2芽以上を複芽という。ウメは2 〜 3芽あるものが多い。

枝をどこから切り詰めても不定芽の発生があり、剪定による枝づくりは容易です。俗にいう「サクラ切るバカ、ウメ切らぬバカ」はこれから出た諺です。

芽は新梢の生長が止まると、肥大が目立ってきます。花の各部のもとができる花芽の分化は、8月上旬から9月下旬にかけてです。早く生長が停止する短果枝では7月下旬ころから、ごく短い短果枝ではさらに早く分化するものもあります。

◆果実の大きさの比較

大粒（豊後）

極小（甲州最小）

特大（高田梅）

中粒（鶯宿）

果実の特徴

果実の大きさ　果実の大きさは、1果当たり小粒ウメ系統の3～8g、中粒ウメ20gくらいまで、大粒ウメ系では25～35g、さらにアンズに近い系統では、50gを超えるものもあり、写真で例を示します。

果実の構造　果実はモモやスモモと同様、子房が肥大したもので、食用部分にあたる果肉は、子房の中果皮にあたります（**図4**）。

内果皮（核）にあたる部分は、木化していわゆる核果を形成します。食用時に果肉から核がはずれるものを離核、はずれないものを粘核といいますが、ウメは粘核です。離核か粘核かが、ウメかアンズに分ける決め手になっています。

たとえば、豊後《ぶんご》や高田梅《たかだうめ》などは、花も果実も見かけはアンズですがウメになっています。また、ウメとア

図4　果実の構造
（断面図）

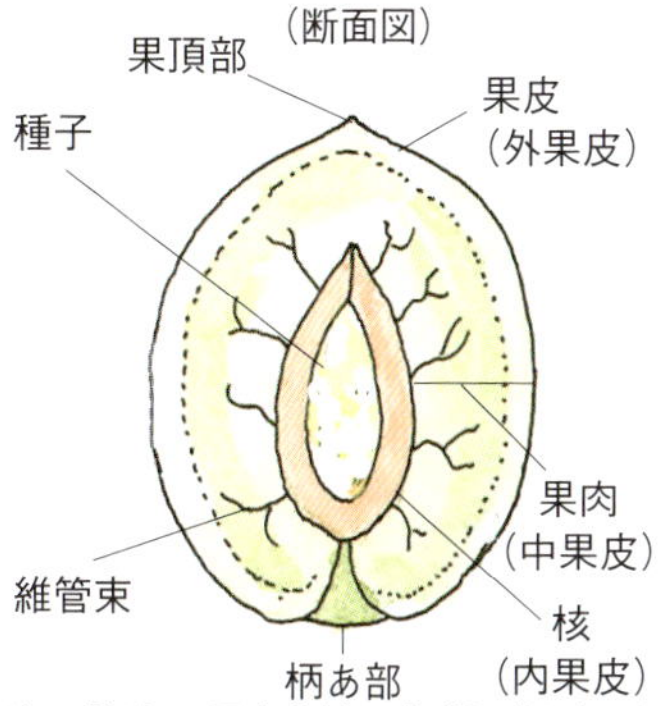

注：『新版　果実栽培の基礎』（杉浦明編著、農文協）をもとに作成

◆アンズとウメの比較

アンズ（左）とウメの切断面。アンズは果肉から核がはずれる離核で、ウメははずれない粘核

ンズ、スモモは近縁で、相互に容易に雑種ができ、とくに開花の接近するアンズとは交雑の機会が多く、多かれ少なかれ両者の血筋をひく品種がたくさんあります。核の形態には、それぞれの種で特徴があり、類縁関係を示す指標となっています。

果実の外観　果実の外観では、中央に縫合線が走っています。縫合線は、花の原基である花葉が縫合した部分です。果実によって、縫合線が目立つものや、そうでないものがあり、果実の外観評価、ひいては品種評価の対象にもなります。

肥大した果実の縫合線

収穫した青ウメ（梅郷）の外観

果実（紅サシ）の陽光面が紫紅色に

成熟時の果色は、黄色ないし少しオレンジをおびる品種と、これらをベースに陽光面が紫紅色になる品種があります。

果肉の特性・成分

酸味　果肉は酸味が強いのが特徴で、ウメが健康食品の代表的存在であるのも、酸味の評価です。5％前後の有機酸を含み、その8割近くがクエン酸で、残りのほとんどはリンゴ酸です。ただ、幼果のころは逆で圧倒的にリンゴ酸が多く、成熟期には逆転します。ウメの酸はアンズやスモモと違い、成熟の間際まで増加するのが特徴です（**表3**）。

一方、糖は普通のウメでは1％以下でごくわずかですが、完熟するまで増えつづけます。

苦味　果肉は多少の苦味をともない、花ウメの果実などには、かなり苦いものがあります。この苦味の成分は、カリウムの化合物で、毒ではありません。気になる場合は一晩、水に漬ければ溶出します。昔からおこなわれているアク抜きです。

青ウメは毒といわれるように、ウ

◆果肉（硬核期の断面）

5％前後の有機酸を含み、その8割近くがクエン酸

メの果実は、青酸化合物を含有しています。といっても、「ウメは食べても、さね（種子）食うな、天神さまが寝てござる」という諺があるように、ほとんどが種子に含まれ、果肉にはごく微量です。ただ、核硬化前の若い果実は、種子ごと食べやすいので、大変危険です。

防腐効果　ウメに含まれる青酸化合物は、プルナシンとアミグダリンの2種類で、核硬化期ころまではほとんどがプルナシンで、以後はアミグダリンにかわります。アミグダリンは、酵素の作用でやがて青酸を遊離し、残った物質はベンズアルデヒドという、ウメ干しやウメ酒などの独特な風味を生成します（**表4**）。ベンズアルデヒドは、さらに酸化されて、防腐効果の高い安息香酸に変化します。これは、コーラなどに使用されている、一種の防腐剤です。ウメ加工品が、防腐効果を示すのは、このためです。いわば、ウメ製品には天然の防腐剤を含有していることになります。

表3　ウメ　南高と古城の果実の有機酸、全糖の推移

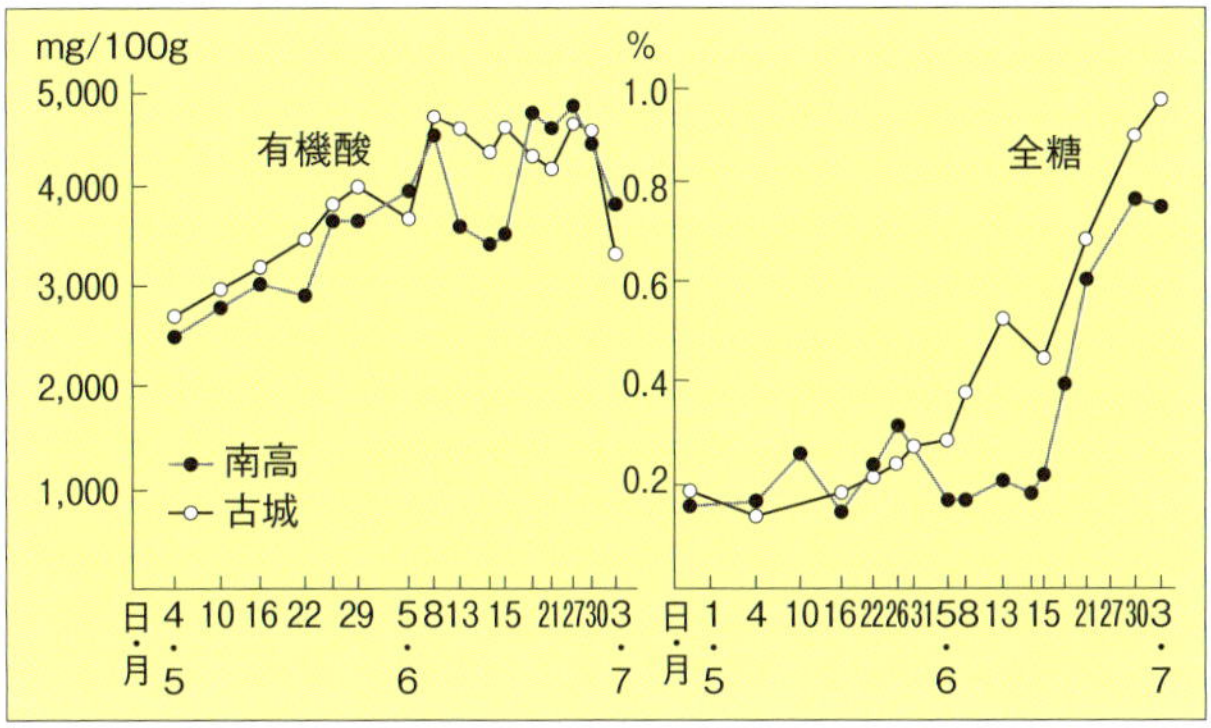

注：『農業技術大系 果樹編6』小川ら、農文協

表4　ウメのアミグダリン含有量
（mg／kg）

梅の種類		果肉	殻	仁
青梅	皆平	60.5	585	18,800
	皆平	43.2	733	18,900
	南高	31.3	396	10,700
	南高	37.3	571	15,300
	古城	43.2	661	21,300
熟梅	皆平	75.8	631	33,500
	南高	50.5	463	29,000

注：「奈良県衛生研究所年報」1986年、21号　江沢ら

根の状態と伸長

ウメの根は好気性（酸素がある状態で正常に生育する性質）で、分布は広くて浅いのが特徴です。深さは平地で40cmくらいといわれています。

新根の発生開始期は、ほかの核果類に比べて早く、早いものでは12月上旬からで、もっとも盛んなのは1月から3月にかけてです。11月に苗木を植えつけた場合などは、もっと早く、1か月も経たないうちに発根が始まります。

実ウメの主な品種

実ウメと花ウメの区別

ウメは、実ウメと花ウメとに区別されます。実ウメは果実の品質が優れ、結実その他の、栽培特性から選抜された品種群です。花ウメは、花の観賞を中心に選抜された品種群ですが、両者に明確な区別はありません。

実ウメだからといって、花が観賞に堪えないわけでもなく、花ウメの果実は一般には、品質の優れないものが多い（とくに紅梅系など）ですが、利用できないわけでもなく、中には品質がよいものもあります。実ウメには、花色は白色単弁が多く、淡紅またはピンクより濃いものはありません。

実ウメの品種は、全国では100を超えます。地方でしか知られていない品種を加えると、さらに増えます。全国的に知られ、比較的広い地域で栽培されているのは、南高《なんこう》、甲州最小、豊後《ぶんご》など、ごく一部の品種で、ほとんどが地方品種です。

主な品種の紹介

主要な品種と、それほど主要でありませんが家庭用にすすめたい品種、さらに地方品種、新しい品種のいくつかを紹介します（**表5**）。開花期や成熟期は、東京の世田谷区を基準にしました。

白加賀《しろかが》　江戸時代からつくられてきた古い品種ですが、もっとも栽培

◆白加賀

果実は大きいほうで、果肉は厚く、肉質は緻密

白加賀は関東を中心に栽培されている

表5　主要品種・地方品種の特性

品種名	主な栽培地	樹姿	樹勢	花色	花粉量	開花	果実の大きさ
甲州最小	全国	直	中	白	多	やや早	極小
梅郷《ばいごう》	関東	開	中	白	多	やや早	中
白加賀《しろかが》	関東	開	強	白	少	中	中の大
南高《なんこう》	全国	開	中	白	多	やや早	中
玉英《ぎょくえい》	関東	開	強	白	少	中	中の大
鶯宿《おうしゅく》	徳島	やや直	強	淡紅	多	やや早	中
豊後《ぶんご》	全国	やや直	強	淡紅	多	やや遅	大
竜峡小梅《りゅうきょうこうめ》	全国	直	中	白	多	やや早	極小
稲積《いなづみ》	北陸	やや直	中	白	多	中	中
玉梅《たまうめ》	全国	やや直	中	白（緑白）	多	やや早	中
月世界	関西(徳島)	開	やや強	淡紅	多	やや早	中
紅《べに》サシ	北陸(福井)	開	やや強	白	多	中	中
高田梅《たかだうめ》	東北(福島)	やや直	強	淡紅	多	やや遅	特大
林州《りんしゅう》	関西	やや直	やや強	淡紅	多	中	中
李梅《すもも うめ》	関西(和歌山)	開	中	白	少	やや遅	中
露茜《つゆあかね》	全国	開	中	白	少	やや遅	中
養老	関東(群馬)	やや開	中	淡紅	多	中	中
織姫	関東(埼玉)	直	中	白	少	やや早	小
長束《なつか》	中部(愛知)	開	やや強	白	多	やや早	中
花香実《はなかみ》	全国	開	中	淡紅	多	中	中
剣先《けんさき》	北陸(福井)	開	やや強	白	多	中	中の大
藤五郎《とうごろう》	北陸(新潟)	直	やや強	淡紅	多	やや遅	中の大
杉田	関東(神奈川)	やや直	中	白	多	中	大
古城《こじろ》	関西(和歌山)	やや直	強	白	極小	中	中
太平《たいへい》	関東(群馬)	直	強	白	多	やや遅	大

注：樹姿の直は直立性、開は開帳性を示す

の多い品種です。関東地方を中心に栽培されています。

樹勢は強く、樹姿は開張性、枝は太く、発生はやや少なくなります。開花期は2月下旬～3月中旬と遅く、花粉はほとんどなく、自家結実(同じ個体の中で、自分の受粉によって実を結ぶ)しません。

果実は1果当たりの重さが25～30gで大きく、果肉は厚く、肉質は緻密。品質は優秀で、ウメ酒用、ウメ干し用のどちらにも適しています。成熟期は6月中旬～下旬。授粉樹(花粉供給用の品種)は南高《なんこう》、梅郷《ばいごう》、月世界、鶯宿《おうしゅく》、養老《ようろう》などが適しています。

南高《なんこう》　和歌山県みなべ町の高田貞楠《たかださだぐす》氏が、内田梅の実生の中から発見した品種。その穂木を譲り受けて育成した小山貞一《こやまていいち》氏が、優良母樹選定

◆南高

南高の熟果。陽光面は赤く着色している

南高は中粒種で玉揃いもよく、果皮は薄い。果肉は厚く、核は小さい

委員会の優良母樹募集（園単位で）に応募した37点の中から地蔵、薬師、白玉《しろたま》、改良内田、養青《ようせい》、高田梅（会津地方の高田梅とは別種）の6点が選ばれました。5年間、この6点の果実の品質調査をした結果、高田梅が第1位に推奨されました。

本来なら、高田梅とすべきところを、委員会のまとめ役の南部《みなべ》高校校長の竹中勝太郎氏の要請により、南部高校の名前を採って南高となり、1965年に名称登録されました。

樹勢は強く、樹姿は開張性、枝の太さは中くらいで、発生は密。頂部優勢性は多くのウメと比べて弱く、下位節の芽の発芽も多く、伸長もよいのが特徴です。このせいか、長果枝にも非常によく結果します。

花芽の着生は多く、花は白色単弁で、雌しべの発達がよく、完全花率がずば抜けて高いのです。花粉は多く、稔性（花粉の成熟歩合）も高いのですが、自家不結実性です。開花は、年によって変動は大きいほうですが、1月下旬から3月上旬といったところです。

果実の大きさは25ｇくらいで、玉揃いも比較的よいほうです。熟果の地色は黄金色で、陽光面は赤く着色し、美麗です。成熟期は遅く、6月中旬～下旬。授粉樹さえあれば、安定してよく結果する品種です。結果過多にすると、樹が衰弱するので、肥培管理に留意が必要です。授粉樹には月世界、鶯宿、梅郷。養老などが適しています。

甲州最小　来歴はわかっていません。各地にいろいろな系統があり、特性も少しずつ異なるようです。樹勢は中くらい、枝の開張度も中くらいで、枝は細く密に発生します。

花芽は多く、花は小さいほうです。花粉も多く、稔性も比較的高いといえるでしょう。開花は、小ウメとしては遅いほうで、1月下旬～2月下旬ですが、年による変動が大きい品種です。

◆甲州最小

甲州最小は小粒種だが、玉揃いはよい

果実の大きさは5gくらいで、玉揃いはよいといえます。日当たりのよい果実は、陽光面が赤く着色します。成熟期は、5月下旬～6月上旬。自家結実性はありますが、率が低く単植では結実が安定しません。授粉樹としては、竜峡《りゅうきょう》小梅《こうめ》などが適しています。

◆梅郷

梅郷の肉質は緻密で、核は小さい

梅郷《ばいごう》　東京都青梅《おうめ》市の原産で、1969年に名称登録。樹姿は開張性で、樹勢は強いほうです。長果枝はやや太く、中・短果枝はやや細くなります。花芽の数は非常に多く、花は完全花率も高く、稔性も高いのですが、自家不結実性です。開花は1月下旬から3月上旬。果実の大きさは25gくらいで、肉質は密で核は小さく、果肉歩合は高くなります。成熟期は6月中旬で白加賀、玉英《ぎょくえい》よりは少し早くなります。自家不結実性ですが、授粉樹があればよく結果します。授粉樹は南高、月世界、鶯宿、養老などが適しています。

玉英《ぎょくえい》　東京都青梅市の原産で、1960年に名称登録されました。樹姿は開張性で、樹勢は強く、枝は太くよく伸び、短果枝の着生多く、花芽の着生も多いのが特徴です。花粉はほとんどありませんが、雌しべの発達がよく、完全花率は安定して高いほうです。授粉樹さえ入れられれば、結実は非常によくなります。開花期は、白加賀と同じか、やや遅いくらいです。

果実の大きさは25gくらいで、肉質は厚く、また品質もよく、ウメ酒やウメ干しのどちらにも適しています。成熟期は、白加賀と同時期です。いろいろな点で、玉英は白加賀と見分けがつかないくらい、よく似たウメですが、しいていえば、完全花率は玉英のほうが高く、白加賀に代わる品種です。授粉樹は、白加賀と同様です。

鶯宿《おうしゅく》　徳島県神山《かみやま》町の農家が、和歌山県から穂木を入手して育てたのが始まりともいわれていますが、徳島県の品種として全国的に知られています。樹姿は若木の時期はやや直立性を示しますが、成木では開張性です。

樹勢は強く、樹は大きくなります。枝の発生はやや多く、短果枝が目立ち、花芽の着生も多くなります。花はごく淡い紅色で、開花するとさらに薄くなります。この鶯宿が親になっている月世界よりは、紅が淡くなります。花粉は多く、稔性も非常に高く、開花期は2月中旬〜3月上旬です。

果実の大きさは、25〜30gで、果実の緑色が濃く、外観が美しいのが特徴です。陽光面は、赤く着色しやすくなります。この品種の最大の欠点は、ヤニ果（63頁下段を参照）の発生が多いことです。授粉樹は養老、南高、梅郷などが使えます。

豊後《ぶんご》　ウメとアンズの雑種ですが、アンズに近い品種です。原産は大分県で、古くから各地で栽培されてきました。たくさんの系統がありますが、東京に多い豊後は、よほど強剪定（切り取る枝の部分が長かったり、切り取る枝の総量が多かったりする剪定）をしないかぎり、1本だけでもよくなります。

樹勢は強く、樹姿は直立性で大木になります。枝は太く、発生数は少なくなります。花は淡紅色一重で、アンズに似た美しい花が咲きます。花粉の稔性は高くありませんが、結実はよく、自家結実性で、家庭向きの品種です。開花は遅く3月上旬〜下旬です。

◆鶯宿

鶯宿は四国、九州方面での栽培が多い。樹勢は強く、やや直立性

鶯宿は、中粒種で果肉は厚い

◆豊後

豊後は果重30gを超える大粒種。酸味が少ない

豊後はアンズに近い品種。自家結実性が高い

果実は30ｇを超えるものが多いのですが、扁肉果が多く、玉揃いもよくありません。果肉は厚く、酸味が少ないのが特徴です。成熟期は6月中～下旬です。用途は地域によっては、漬けウメにもされますが、どちらかといえば、ウメ酒やジャムに向いています。

竜《りゅう》峡《きょう》小《こ》梅《うめ》　長野県在来の小ウメの中から選抜され、1962年に名称登録されました。樹姿は直立性で、樹勢は中くらいです。枝は細く、発生は密で、中果枝が多くなります。花は白で花粉は多く、自家結実性です。

開花期は早く、1月下旬～2月下旬です。果実の大きさは3～5ｇで、小さいのですが品質は優れています。成熟期は早く、5月中～下旬です。

稲積《いなづみ》　富山県氷見《ひみ》市稲積で発見された偶発実生《みしょう》で、1950年に命名されました。樹勢はやや強く、樹姿はやや開張性です。枝の太さは中くらいで密生します。花芽の着生は多く、花粉も多くなります。自家結実性で豊産です。

開花期は、2月中旬～3月中旬。果実の大きさは15～20ｇとやや小さく、玉揃いはよいほうです。ほとんど赤い着色はせず、肉質はやや密で、加工製品の品質は良好です。

小粒南高　和歌山県みなべ町原産。樹勢は中くらいで、樹姿はやや直立性です。多くの特性は、南高に類似しています。開花も南高と同時期で、花粉も多く、南高の授粉樹に最適です。成熟期は、南高と同じ6月中旬～下旬です。

果実の大きさは18～23ｇで、南高より一回り小さくなります。しかし、果実の外観などには変わりはなく、一緒に収穫して、南高としても問題はありません。授粉樹には南高のほか、梅郷、月世界、養老《ようろう》などが使えます。

玉梅《たまうめ》（青軸《あおじく》） 出どころははっきりしていません。樹姿はやや開張性で、樹勢は中くらいです。枝はやや太く、発生は少ないほうです。短果枝の発生も多くありません。

新梢の色は緑色で、休眠枝（枝の形成後、生長が停止している状態のもの）になっても緑色のままで、別名を青軸といいます。花芽の着生は中くらいで、花粉稔性も高くなく、結実もよくはありません。開花期は比較的早く、2月上旬～3月上旬。

果実の大きさは20g前後で、果肉は厚く、品質はよいほうです。成熟期は6月上旬～中旬。自家不結実性で、授粉樹には南高、鶯宿、月世界などが適しています。

月世界 1959年、徳島県果樹試験場で、城州白×鶯宿の交雑実生から選抜された品種。樹勢は強く、樹姿はやや直立性で、枝は太く密生します。花は淡紅色ですが、鶯宿よりも紅が濃くて美しい花です。完全花率も高く、花粉も多く、開花期は2月上旬～3月上旬。いくらか自家結実もするといわれていますが、基本的には自家不結実性です。

◆月世界

月世界は中粒種。成熟期は６月中旬

果実の大きさは20～25gで、成熟期は6月中旬です。この品種も鶯宿の血筋を受けているので、ヤニ果の発生が多くなります。授粉樹には南高、稲積などが合っています。この品種の苗木は流通していません。しかし、花が美しいので家庭の庭先にすすめたい品種です（苗木の入手先は巻末107頁の一覧参照）。

養老《ようろう》 群馬県で栽培が多い品種で、樹勢は強く、樹姿はやや開張性。花は淡紅色で一重です。開花期は2月中旬～3月中旬で、花粉が多く、白加賀や玉英の授粉樹に適しています。自家結実性はいくらかありますが、授粉樹は必要です。

果実の大きさは、20～25gで、陽光面は美しい紅色になります。いろいろな用途に使えますが、漬けウメに向いています。授粉樹には梅郷、

◆紅サシ

紅サシは中粒種。北陸方面で栽培されている

◆養老

養老の陽光面は美しい紅色になる

◆高田梅

高田梅の果実は特大。果肉が厚く、核は小さい

南高などが使えます。

紅《べに》サシ　福井県の主要品種です。花は白一重で、花粉は多く、いくらか自家結実もしますが、授粉樹は必要です。

果実の大きさは、25gくらいで、果肉歩合が高く、用途はとくに漬けウメ用で評価されています。授粉樹には梅郷、南高、月世界などが適しています。

高田梅《たかだうめ》　福島県会津地方のウメで、アンズに近いウメです。樹勢は強く、樹姿は直立性です。短い短果枝には、葉芽を持たないものが目立ちます。開花は遅く、3月上旬～下旬で、アンズと同様で美しい花が咲きます。

果実は大きく、50gを超えるものも少なくありません。果肉が厚く、核は非常に小さいのが特徴で、成熟期に雨が多いと裂果しやすくなります。会津地方では、いわゆるカリカリ漬けに欠かせないウメになっています。自家結実性はやや弱いので、豊後系統のウメやアンズ等を混植するとよく結実します。

林州《りんしゅう》　奈良県に多い品種ですが、関西一円にも分布しています。樹勢は比較的強く、樹姿は円形です。枝の強さは中くらいで、発生数が多くなります。花は淡紅色の八重、開花期は1月下旬～2月下旬

李梅はスモモとの種間雑種。果皮、果肉とも赤い

で、花粉は多いのですが、完全花率は低くなります。いくらか自家結実もしますが、授粉樹が必要です。授粉樹には南高や鶯宿、月世界などが適しています。

果実の大きさは、20g前後で、陽光面は紅色となります。成熟期は6月中旬で、用途は漬けウメが中心になっています。

◆李梅

李梅《すももうめ》　和歌山県原産で、ウメとスモモの種間雑種です。開花期は3月中旬〜下旬で、花粉の稔性が低く、自家不結実性で、授粉にはウメやアンズの花粉を用います。

結実は露茜《つゆあかね》よりも不安定です。果皮、果肉とも赤いので、露茜同様の利用ができます。

露茜《つゆあかね》　ウメとスモモの種間雑種です。樹勢は弱く、樹姿は開張性。果皮、果肉とも鮮紅色で、ウメ酒やウメジュースにすると紅色で美しく仕上がります。開花期は3月中旬〜下旬。自家不結実性で、ウメやアンズの花粉を授粉すると、よく結果します。成熟期は7月中旬です。

品種の選択と選択例

ウメには前述のように地方品種が多く、それは、その地方の気候に合った品種であるということです。今回、紹介していない品種の中にも、地方の優秀な品種がたくさんあるので、選択にあたっては考慮が必要です。北陸や東北などの寒冷地ではなおのことです。この地域では、アンズの形質を含む豊後系統の品種が中心になります。

関東以西で、庭先に1〜2本植える場合の選択例を、筆者のおすすめ品種としてあげておきましょう。

選択例その1　その品種だけでもよく結実する品種（自家結実）　豊後、稲積、竜峡小梅。

選択例その2　品種を混植すれば、どちらも比較的よく結実する品種の組み合わせ　南高と梅郷、南高と月世界、南高と小粒南高。

なお、月世界は花（28頁写真）が淡紅色で美しいので、庭植えにおすすめしたい品種です。

花ウメの分類と品種

性による分類

花ウメは、古くから花や木の性状により、性《しょう》に類別されています。この分類は、人により異なりますが、ここでは3系8性の分類をあげておきます（**表6**）。

純粋なウメに近い野梅《やばい》系（中では細かく4性に）、髄の紅いものを緋《ひ》梅《ばい》系、アンズの血筋の濃いグループを豊後《ぶんご》系とします。

いずれにしても、この分類は花、枝葉などの特徴を一つに束ねるので、かなり無理があり、初心者には難解です。たとえば、緋梅系は髄の色が赤いのは、すべてこれに入ります。紅梅性に雪《ゆき》の曙《あけぼの》という品種がありますが、これは花は白いのに髄が赤いため、紅梅性に入るなどの矛

百花にさきがけて咲き誇る紅色のウメの花（唐梅）

紅色の髄（左）は紅梅系の目安。右は野梅系、豊後系

豊後系の虎の尾

表6　性によるウメの分類と特徴

野梅系	原種に近いもので、枝は細く、花も葉も比較的小さい	野梅性	原種に近いもので、枝が細く、ときにはとげ状の小枝を出す。若い枝は緑色で、日焼けすると赤みが出てくる。葉は比較的小さく、毛がない
		紅筆性	紅色の蕾の先がとがっているために紅筆と呼ばれる
		難波性	枝が細く茂り、いくらか矮小気味。挿し木でよく活着するものが多い。葉は丸葉
		青軸性	萼と若い枝が黄緑色。花は青白色である
緋梅系	花は紅色がほとんどだが、花は白でも古枝の髄が赤ければ、この系に分類される	紅梅性	花色が明るい普通の紅梅。若枝の色が緋梅性のものほど濃くならず、緑色がかっている
		緋梅性	紅梅のうち、花の紅色が濃いものをこのグループに区別。多くは樹勢が弱く、若枝が黒褐色に日焼けする
豊後系	アンズとの雑種性が強い。花ウメ、実ウメの両方に当てはめられる	豊後性	アンズとの雑種性の強いウメ。花はピンクが多い。花ウメ、実ウメの両方に当てはめられる
		杏性	豊後性によく似るが、それより枝が細く葉も小さい。葉面に毛はなく、枝の色は灰褐色。遅咲きが多い

盾を生じます。

月影の開花。枝や萼が緑色（通常は茶色）のものは緑萼、もしくは青軸という

品種特性の基準

品種同定のために、花ウメだけでなく、実ウメも同様、花、葉，枝など、すべての器官についての特性があります。

ここでは花の観賞に関係の深い、いくつかの項目についてあげておきます。

花の色

基本色として、雪白、青白、白、乳白、淡黄、黄色、淡色、桃色、淡紅、紅、紫紅、濃紅などの表現がありますが、必要に応じてもっと細かい表現をする場合もあります。

花の大きさ

①極小（直径1cm前後）、②小

図5　花弁の形状

丸弁。もっとも普通のウメの咲き方。花弁のつけ根が丸い

丸弁だが、弁のつけ根が細くなり、となりの弁と離れている

丸弁だが左の二つよりつけ根が細く、はっきりと離れている

花弁の先がとがっていて、キキョウの花弁のようになっている

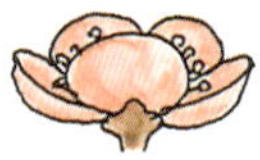

花弁中央部がスプーン状にへこむ。俗に抱え咲きという（側面図）

花弁の先が外側に反りかえっているもの（側面図）

花弁が平たい状態になっている（側面図）

花弁が縮れ、しわのある状態になっている

花弁がいちじるしく細い状態を示す

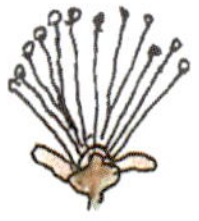

花弁が退化し、雄しべと雌しべが長くなっている（側面図）

花弁が全然なく、雄しべと雌しべだけのもの（側面図）

雄しべの先が小花弁になり、小ギクのように見える

（直径1.5㎝以下）、③中の小（直径1.5～2㎝）、④中（直径2～2.5㎝）、⑤中の大、⑥大（直径3～4㎝）、⑦極大（直径5㎝以上）

花弁の状態

花弁の形状、模様については、細かい表現があります（**図５、図６**）。

複色の形

花弁の色が一色でない場合、いろいろな表現があります（図と説明文参照）。

開花期

品種によりかなり違いがあり、品種の特性を比較する上では重要です。一般には、早咲きか遅咲きかに分けられます。野梅性の多くは早咲きで、初雁《はつかり》や八朔《はっさく》、冬至《とうじ》、八重寒紅《やえかんこう》などは、とくに早咲きです。遅咲きは豊後性やアンズ性などで、一般に開花が遅くなります。

その他

萼《がく》の特徴や枝による区別、雄しべの色、葯《やく》の色なども品種特性の指標になります。

図6　花弁の模様

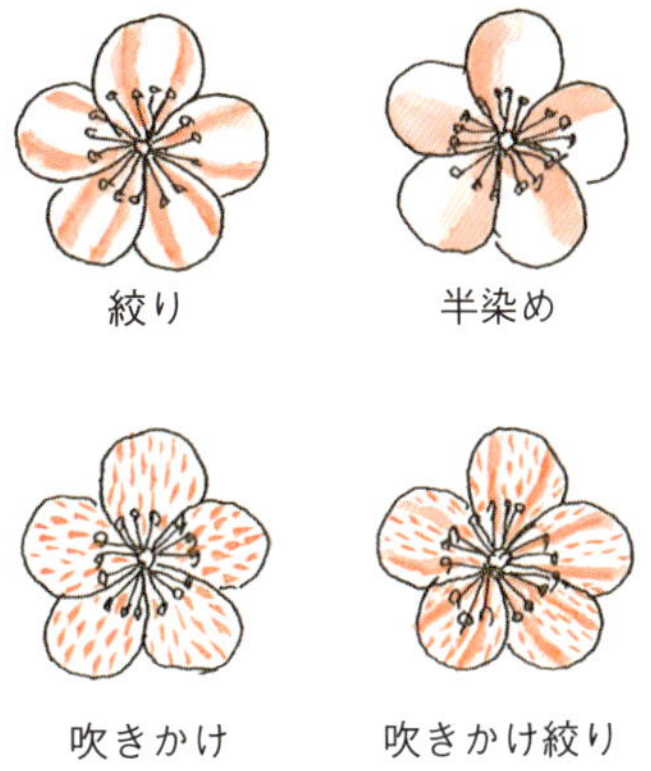

絞りには普通の絞りのほかに半染め、吹きかけ、吹きかけ絞りなどがある

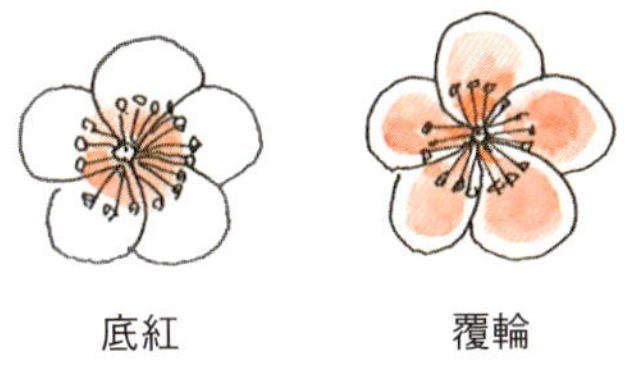

花弁のまわりが淡色、もしくは白色で、花芯部に紅色がさしたもの。この反対を口紅という

花弁の縁が白色で、内側に紅色がかかったもの

花ウメの主な品種

花ウメの品種は現在、わが国には少なくとも、４００を超える品種があります。現存するか否かはわかりませんが、文献にある品種を加えると、さらに数百を超える品種があることになります。

花ウメの品種は過去はもちろん、今日もほとんど登録がなされていないので、同名異種あるいは異名同種の品種が混在しています。昔あった品種が消失したのか、今日のどの品種にあたるのかなどは、ほとんどわかりません。

ここでは花ウメの分類表にそって主要な品種をあげ、一部を写真で紹介しておきます。

野梅性一重　冬至、一重寒紅《ひとえかんこう》、初《はつ》雁《かり》、紅冬至《こうとうじ》、日月《じつげつ》、道知辺《みちしるべ》、茶青《ちゃせい》

主な品種

玉牡丹　白色の八重、大輪。1月下旬から開花。抱え咲きで見ごたえのある花

雪月花　乳白色の大輪。2月上旬から開花。抱え咲きで整った、見事な花形

冬至　白の中輪、12月下旬から開花。冬至のころから咲くのでこの名がある

月影　青白色の中輪。2月上旬から開花。枝も萼も緑色、清楚で美しい

八重野梅　黄白色の八重で、大輪。1月上旬から開花。挿し木でよく発根

八重寒紅　明るい紅の中輪。12月下旬ごろから開花。野梅性の中ではもっとも紅が濃い

日月　紅白の咲き分けと絞りがある、中大輪。1月下旬から開花

大輪緑萼　青白色の八重、大輪。2月上旬から開花。枝も萼も緑色で清楚

見驚　淡紅色の八重で大きく派手な花。2月下旬から開花。少葉芽、剪定に注意

道知辺　明るい紅の大輪。1月下旬から開花。抱え咲きの端正な花形

花《か》、雪月花《せつげつか》、田毎《たごと》の月《つき》、白鷹《はくたか》、舞《まい》扇《おうぎ》、米良《めら》、芳流閣《ほうりゅうかく》、古今集《こきんしゅう》、梓《あずさ》弓《ゆみ》、烈公梅《れっこうばい》、曙《あけぼの》、三吉野《みよしの》、扇流《おうぎなが》し

野梅性八重　八重野梅《やえやばい》、八重寒《やえかん》紅《こう》、見驚《けんきょう》、玉牡丹《たまぼたん》、輪違《りんちが》い、鶯《おう》宿《しゅく》、黄金梅《おうごんばい》、一流《いちりゅう》、玉垣《たまがき》、花座《はなざ》論《ろん》、水心鏡《すいしんきょう》、玉簾《たますだれ》、長寿《ちょうじゅ》、月宮《げっきゅう》殿《でん》、春日野《かすがの》、宇治《うじ》の里《さと》、明星《みょうじょう》

難波性八重　難波紅《なにわこう》、御所紅《ごしょべに》、浮《うき》牡丹《ぼたん》、蓬莱《ほうらい》、鄙《ひな》の都《みやこ》、玉拳《ぎょっけん》、故郷《こきょう》の錦《にしき》

青軸性一重　月影《つきかげ》、月《つき》の桂《かつら》、緑《りょく》萼《がく》、白玉梅《しらたまばい》、金獅子《きんじし》

青軸性八重　緑萼、大輪緑萼《たいりんりょくがく》

紅筆性一重　紅筆《べにふで》、古金欄《こきんらん》、西王母《せいおうぼ》

紅筆性八重　内裏《だいり》、八重海棠《やえかいどう》

紅梅性一重　緋梅《ひばい》、大盃《おおさかずき》、鈴鹿《すずか》の関《せき》、紅千鳥《べにちどり》、雪灯籠《ゆきどうろう》、雪《ゆき》の曙《あけぼの》、関守《せきもり》、玉光《ぎょっこう》、東雲《しののめ》、夏衣《なつごろも》、雛曇《ひなぐもり》、一重唐梅《ひとえとうばい》、佐橋紅《さばしこう》、姫千鳥《ひめちどり》

花ウメの

内裏　淡紅色の半八重、中輪。2月下旬から開花。花弁の裏紅のぼかしが美しい

鹿児島紅　濃紅色の八重、中輪。1月下旬から開花。花弁に波がなく平たく見える

唐梅　紅色の八重、中輪。1月中旬から開花。鴛鴦によく似ている

大盃　紅色の大輪。1月上旬から開花。抱え咲きの端正な花形

紅千鳥　明るい紅色の中輪。2月下旬から開花。端正な花形だが旗弁が出やすい

大湊　明るい紅の大輪。1月下旬から開花。抱え咲きで道知辺によく似た花

楊貴妃　淡紅色の八重、大輪。花弁は波打っている。2月下旬から開花

白滝枝垂　白色の八重、中輪。2月上旬より開花。清楚な花形

呉服枝垂　紅色の八重、中輪。2月上旬より開花。藤牡丹(写真29頁)とともに代表的な枝垂れ

塒出の錦　明るい紅色の八重、大輪。2月中旬から開花。古枝、新梢ともに錦が目立つ

紅筆性八重　鹿児島紅《かごしまこう》、緋《ひ》の司《つかさ》、鴛鴦《えんおう》、幾夜寝覚《いくよねざめ》、蓮久《れんきゅう》、蘇芳梅《すおうばい》、五節《ごせち》の舞《まい》、光輝《こうき》、黒雲《くろくも》、錦光《きんこう》、唐梅《とうばい》

豊後性一重　乱雪《らんせつ》、大湊《おおみなと》、労謙《ろうけん》、入日《いりひ》の海《うみ》、桃園《ももぞの》、巻立山《まきたつやま》、真鶴《まなづる》、園《その》の雪《ゆき》、谷《たに》の雪《ゆき》

豊後性八重　未開紅《みかいこう》、叡山白《えいざんはく》、武蔵野《むさしの》、乙女《おとめ》の袖《そで》、楊貴妃《ようきひ》、緋《ひ》の袴《はかま》、八重揚羽《やえあげは》、開運《かいうん》、雲井《くもい》、紋隠《もんかく》し、大和牡丹《やまとぼたん》、桜梅《さくらばい》、千歳菊《ちとせぎく》、八朔《はっさく》、淋子梅《りんしばい》、駒止《こまどめ》

枝垂れウメ　月影枝垂《つきかげしだれ》、緑萼枝《りょくがくし》垂《だれ》、白滝枝垂《しらたきしだれ》、玉垣枝垂《たまがきしだれ》、藤牡丹枝《ふじぼたんし》垂《だれ》、呉服枝垂《くれはしだれ》

変わり種　黄金梅《おうごんばい》、香篆《こうてん》、東《あずま》錦《にしき》、珊瑚《さんご》の鞭《むち》、塒出《とやで》の錦《にしき》

おすすめ品種

正月ごろには咲く品種　冬至（白一重）、八重野梅（白八重）、八重寒

実ウメの開花

養老　淡紅色の中輪。2月上旬から開花。花粉多く、いくらか自家結実性

南高　白色の大輪。2月上旬から開花。花粉多く、完全花率が非常に高く豊産

豊後　淡紅色の一重（八重もある）、大輪で果実も大。3月上旬から開花。自家結実性

梅郷　白色の大輪。1月下旬から開花。花粉は多いが、自家不結実性

花香実　淡紅色の八重、中輪。2月中旬から開花。花粉多く、やや自家結実性

月世界　淡紅色の大輪。2月上旬から開花。花粉は多く、いくらか自家結実性

甲州最小　白色の小輪。2月中旬から開花。花粉多く、やや自家結実性

白加賀　白色の大輪。2月下旬から開花。花粉はないが、完全花率は高い

鶯宿　淡紅色の大輪。2月中旬から開花。花粉は多いが、自家不結実性

紅（明るい紅、八重）、紅冬至（淡紅一重）

2月初旬に咲く品種　花ウメ～道知辺（淡紅一重）、雪月花（白一重）、玉牡丹（白八重）

花も実も楽しむ品種組み合わせ　南高（白、一重）と月世界（明るい紅、一重）のセットで植えると、紅白で実つきもよくなります。あるいは、鶯宿（薄紅一重）と月世界でも実つきがよくなります。

庭植えの場合の品種選択

品種を集めたい場合は別として、庭に1～2本花ウメを植えたい場合は、開花期の早い品種を選びましょう。できれば、正月には数輪ほころび始める品種がよいでしょう。あるいは、そこまで早くなくても、2月はウメの季節と言われるように、早

枝垂れウメ（藤牡丹枝垂）の面目躍如たる開花

玉英　白色の大輪。2月中旬から開花

素白台閣（そはくたいかく）中国の花ウメ品種。白色の八重大輪。台閣花（花の中にもう一つ花がある）が出る。2月中旬から開花

屋敷前のウメの開花

い年は1月下旬、遅くても2月に入れば、すぐ咲き始める品種がおすすめです。

2月になると、花に特徴のあるものや、実を楽しみたい場合は、実ウメからでも選ぶことができます。

花色は好みによりますが、紅梅を選ぶ場合、初めは濃いものを選びやすい傾向がありますが、せいぜいピンクの濃いものが無難です。

梅園のように、たくさんの品種がある中に、ときに濃いものがあるのはよいのですが、家庭では折り合わないものです。

庭先のウメの開花

鉢植えの場合の品種選択

2～3鉢の場合は、花形、花色のよいものの中から、一つは早咲きを

花簾　豊後性、品種「呉服枝垂」八重、紅。長浜盆梅展でもっとも大きい枝垂れウメ

昇龍梅　野梅性、一重、白。天に昇る龍を連想させる形から命名

選びます。冬至、八重寒紅、八重野梅、大盃などがよいでしょう。

もう一つ、鉢植えでも、とくに盆栽では、葉芽が多いことが要求されます。鉢植えでは、樹形を維持するために、花後に葉芽を1~3芽残して剪定しますが、葉芽の少ない品種では、枝の基部に葉芽がないので、枝を長く残すことになり、樹形が崩れてしまいます。ただ、普通の鉢植えならともかく、盆栽では重要な条件となります。

この条件を満たす品種は、野梅性に多く、盆栽家たちがいわゆる甲州野梅というのも、葉芽が多い品種が評価されるからです。葉芽が多いぶん、花芽は多くはありません。花がつき過ぎないのも評価されるようです。もちろん、黒々とした幹も評価されます。

さざれ岩　豊後性、品種「江南」一重、白。長浜盆梅展で一番の高さを誇る

梅園の場合の品種選択

ちょっとした梅園、梅林などをつくる場合、品種のコレクションということもありますが、近年早咲きのサクラが多くなってきたので、早咲きの品種を多くして観賞してもらうのも一つの方法です。

豊後性の品種には、花が大きく、美しいものが少なくありませんが、残念ながら、このころには、あまり見てもらえません。

植え場所ですが、著名な品種や特徴のある品種などは、通路の脇など、人目につきやすい場所に配置するなどの配慮も必要です。

第2章

ウメの育て方と実らせ方

多くの品種は梅雨の時期に熟果となる

ウメの生長過程と栽培管理

生長過程

開花

夏に分化した花芽は、9月ころもっとも深く眠っており、低温（6〜7℃がもっとも有効で、これより上がっても下がっても有効度合いは低下）に一定期間遭遇すると覚醒します。

休眠覚醒に必要な積算時間は、品種により異なりますが、普通のウメで900〜1300時間くらいです。覚醒後は、気温が高く推移するほど、開花はすすみます。

厳寒期であっても、蕾は大きくふくらんでくる

2月には多くの品種が開花

開花のしくみ

ウメの花芽は8月から9月に分化し、花芽は葉を失わない限り休眠しています（葉のホルモンが支配）。休眠覚醒に有効な低温は、早咲きと遅咲き品種では、かなりの違いがあります。

開花がウメに次いでアンズ、スモモ、サクラと順番があるのは、遅い種類ほど休眠が長いからです。よく、サクラ前線にならい、ウメ前線と紹介したがりますが、うまくいかないのは、サクラはソメイヨシノ1品種を基本にして見るのに対して、ウメは各地で品種が異なるからなのです。

ウメで一番早い初雁《はつかり》は、早い年では11月ころから咲き始めます。これまで述べた休眠は、体内生理に基づいて眠っているので、自発休眠とい

◆開花の段階

①蕾、②咲き初め、③開花直前、④花粉が出ている状態、⑤花が古くなり、花粉がない状態。②、③、④から花粉を採集することができる

右・花が終わった状態
左・結実した果実

①花蕾、②花、③幼果期（３月下旬）、④幼果期（４月中旬）、⑤幼果期（５月上旬）、⑥硬核期（５月中旬）、⑦収穫期（６月上旬）

い、この休眠は覚醒したのに、気温が低いため咲かない場合を他発休眠といいます。

北国や高山の春が賑やかなのは、個々の植物間には、自発休眠の長さの違いはあるが、冬が長いので、どの植物も自発休眠は覚醒しています。ところが、まわりの気温が低いために、他発休眠状態にあり、暖かくなるといっせいに咲くわけです。

発芽から新梢伸長へ

花が終わり、春の陽気とともに新芽が伸びてきます。若葉のころには新梢となり、盛んに伸びる伸長期に入ります。新梢伸長は6月下旬には落ち着きます。

果実の発育・肥大と成熟

ウメの開花と幼果の発育は、前年の蓄積養分によっておこなわれます。

梅雨の時期は、その名のとおり肥

作業カレンダー

（関東、関西の温暖地を基準）

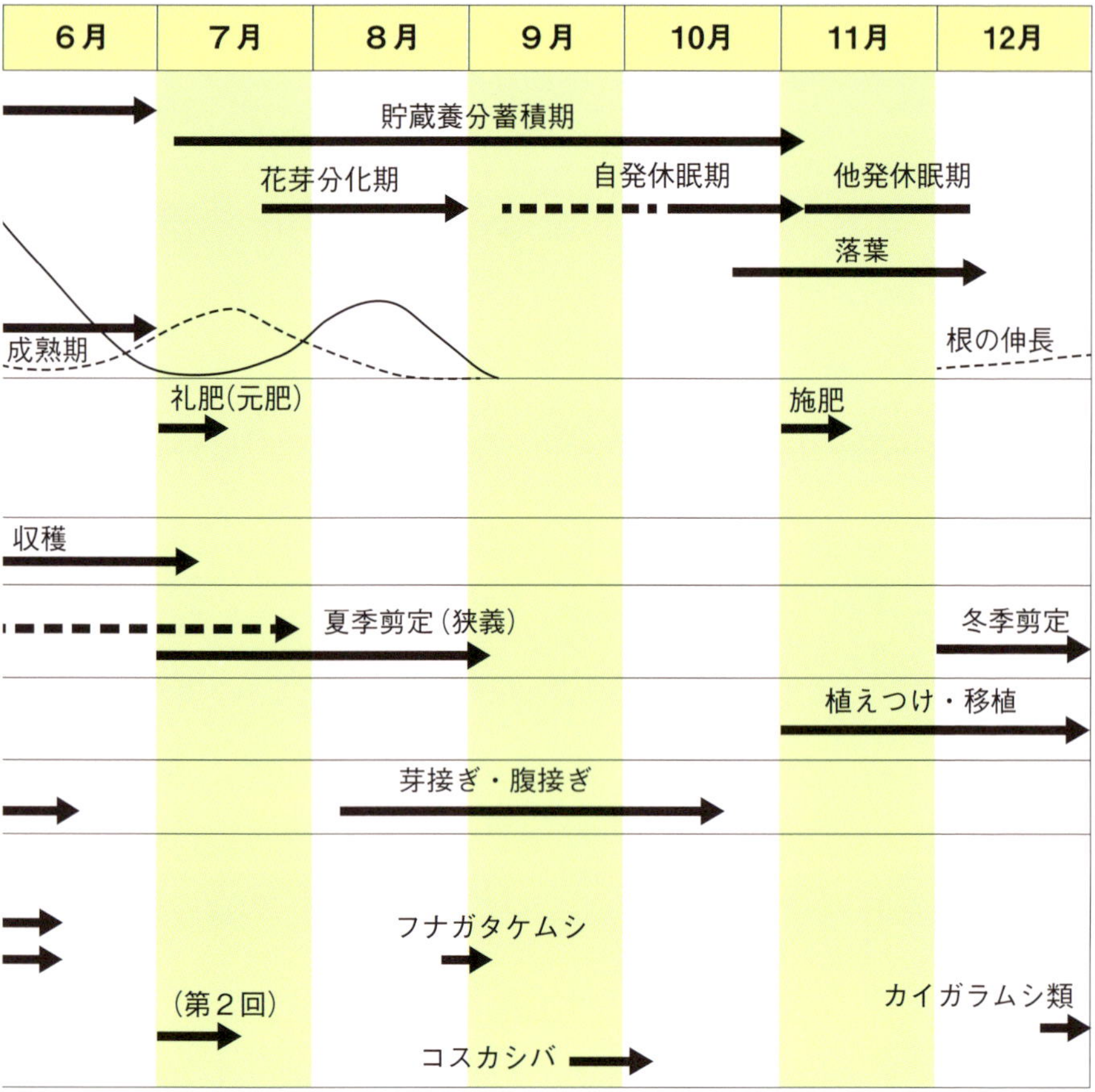

大した果実の成熟期。品種によって成熟期に差があり、一般に小ウメは5月下旬に熟し、普通のウメは6月中～下旬に熟します。

花芽分化と養分蓄積

夏季にはウメの節に葉芽や花芽が目立つようになり、花芽形成の初期に花の各部のもと（原基）ができる花芽分化期に入ります。

また、夏季から秋季にかけ、ウメは養分をつくり、蓄積します。晩秋からの落葉期、休眠期を経て春季の発芽期を迎えます。

花芽が目立つようになる（11月中旬）

葉芽、花芽が大きくなる

表7　庭・畑のウメの生育と

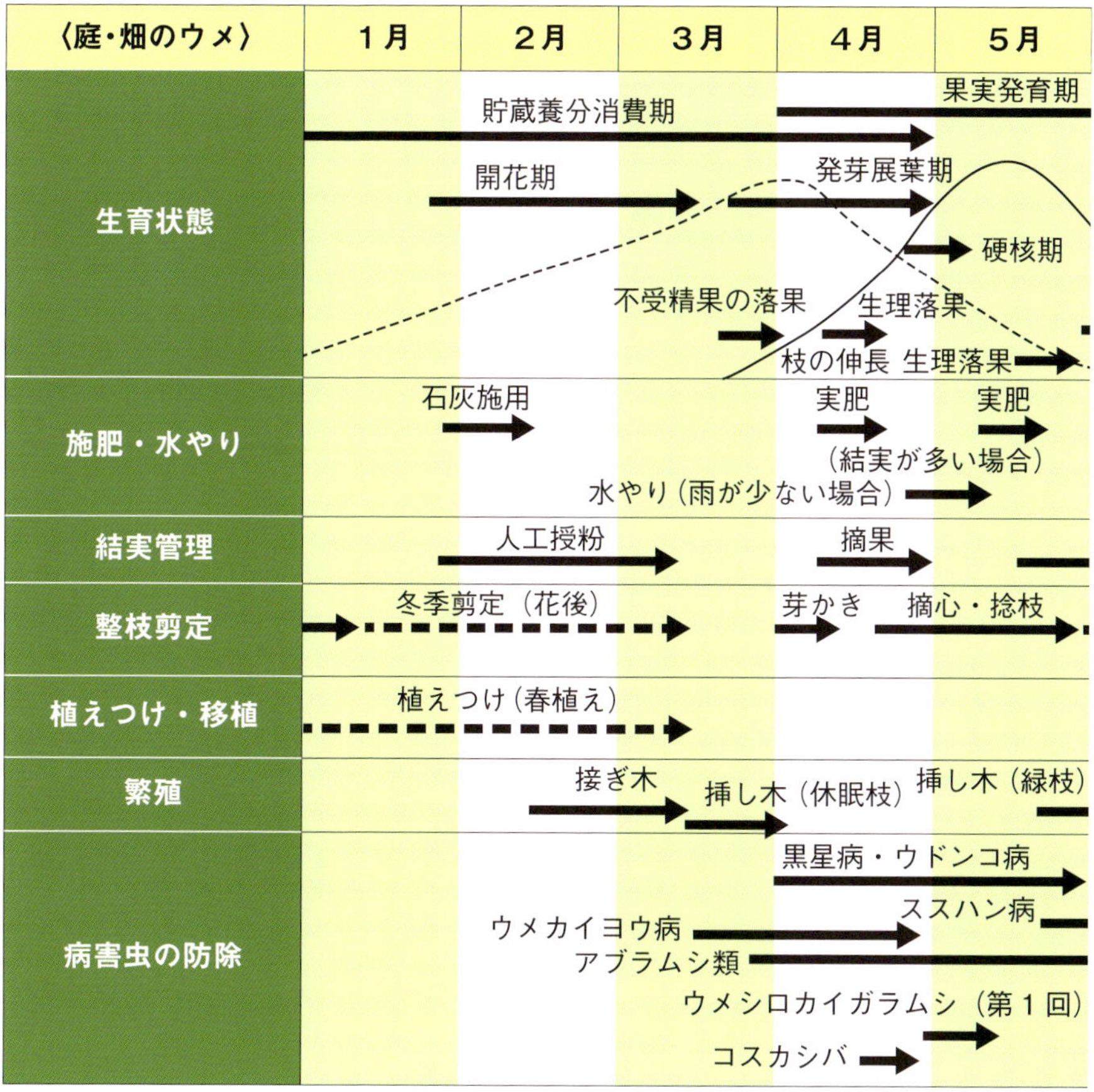

庭・畑の作業カレンダー

植えつけは、11月から2月にかけておこないます。枝の管理として後述する冬季剪定、夏季剪定（芽かき、捻枝、摘心、誘引など）を実施します。

また、結実が悪い場合は、家庭では開花時に人工授粉をおこないます。結果が多い場合、肥大をよくするために摘果に取り組み、梅雨どきの収穫期を迎えます。

1年間の生長過程とともに土壌管理、施肥、病害虫防除、繁殖などを含め、主要な作業時期をカレンダーとしてまとめています（**表7**）。詳しくはそれぞれの栽培管理と作業内容のところで解説します。

苗木の植えつけと移植

苗木の種類と選び方

新しく庭をつくる場合などは、4～5年生以上のもので、ある程度、樹形のできた大きな樹を、植木屋あるいは造園業者などから求める場合もあります。

しかし、一般には、接ぎ木して1～2年育てた苗木を求めます。とくに、果樹として開心自然形などに、きちっと仕立てる場合は、1年間まっすぐ1本に育った苗を求めます。それを60～70㎝くらいに切って植えつけするので、それより長めに切った苗を求めます。

果樹苗生産業者から直接求める場合は、かなり長い苗木が届きます。ホームセンターや園芸店などでは、1年生苗を切り詰め、さらに1年育てた小枝のついた苗木がかなり流通しています。この苗木は、庭先の果樹として普通に植えるぶんにはかまいませんが、最初からきちっと仕立てる場合は、1年生苗のほうが整枝は楽です。

1年生苗木を求める場合、節間が詰まって充実しており、接ぎ木部がよく活着し、樹皮につやがあり、根張りのよいものを選びます。

苗木は、一度植えると長年育てるものなので、正しい品種や系統の苗木を求めることが大切です。果実生産を目的とする場合は、とくに留意が必要です。

苗木はなによりも品種を確認し、接ぎ木部の接着がよく、根張りのよいものを求めるようにしたい

植えつけの適期

ウメは「寒の投げ植え」といわれるくらい、冬でも根が伸長します。したがって、適期は11月～2月ですが、できるだけ早く、できれば年内

に植えつけます。寒冷地では、春植えが一般的です。

植え場所と植えつけ

植え場所

日当たりがよく、風の強く当たらない場所に越したことはありません。庭ではこの条件を完全に満たせない場合も多いのですが、少なくとも半日くらいは日が当たる場所を選びます。

土壌についてですが、土質はそれほど選びませんが、ウメは根の酸素要求量が高いので、排水のよいことが大切です。地下水位が高く排水の悪い場所では、暗渠排水（土中に土などを埋設して排水）をするなどの対策が必要です。とくに、果実生産の場合は配慮が必要です。

植えつけ方法

図7　庭への植えつけ方

苗木は接ぎ木部が地上部に出るように植え、風で動かないように支柱を立てる

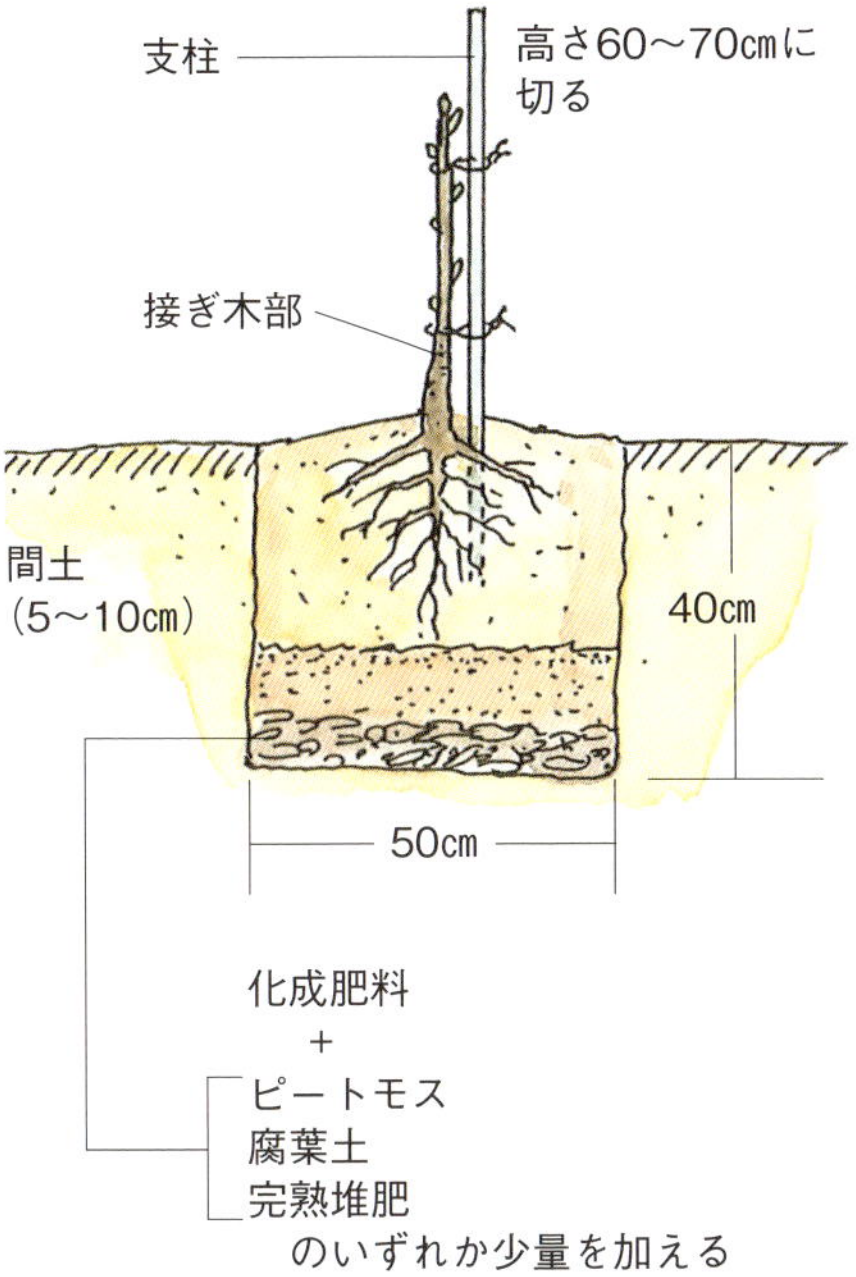

注：①植えつけ部の土は、20～30㎝の高盛りにする
②冬季に植えつける場合、苗木が寒さに傷まないように幹に新聞紙などを巻き、株元には盛り土をする

ある程度まとめて畑に植える場合は、栽植距離は樹が大きくなった場合、8m～10m必要です。これでは初期収量が少ないので、間にもう1本植え、大きくなったら間伐します。この時期を失わないことが大切です。密植は禁物です。

初期生育をよくするには、大きめの植え穴を掘り、前もって有機物や肥料などをすき込み、準備しておくに越したことはありません。植え穴を掘る場合、粘土質の土壌では、この穴に水がたまり、生育を阻害することがあります。このような場所では、暗渠排水をおこなうか、高畦にします。

植えつけの要領（**図7**）は、穴の中央に1本支柱を立て、接ぎ木部が地表面に出るよう、支柱に苗木を固定して、下の根から順に四方に広

◆植えつけのポイント

①植え穴を掘る

②接ぎ木部を地上より4～5㎝上にする

③下の根から順に手で四方に広げて土をかぶせる

④水を与える

⑤土をかけて埋め戻す

⑥支柱と苗木を紐で結ぶ

⑦防寒対策のため、新聞紙で包んでくくる

げ、土をかけて埋め戻していきます。土はできるだけよく肥えた表面の土を用い、自然鎮圧による土のしまりを見越して20～30㎝の高盛りにします。植えたら、たっぷり水を与え、乾燥と防寒の意味で、根元に藁《わら》か枯れ草などをかけておきます。また、防寒のために新聞や藁で包み、くくります。

移植のポイント

移植と植えつけは、同じ意味をもちますが、ここでは移植のための木の掘り上げ方、植えつけ方法について紹介しましょう。

移植の適期

移植の適期は、当然、植えつけの適期です。ウメは冬でも根が伸びるので、苗木や若木は落葉後、できるだけ早く、できれば12月下旬までに終えるのがベターです。ただ、根巻きが必要なほどの大木や古木の移植は、厳寒期を過ぎた3月ころ、植木屋などに依頼しておこなうのが無難です。

地上部の剪定

大苗や若木であっても根を切るので、地上部も剪定します。樹形を考え、太枝も整理しますが、大きく切り縮めないことです。

図8　大苗、若木の移植の仕方

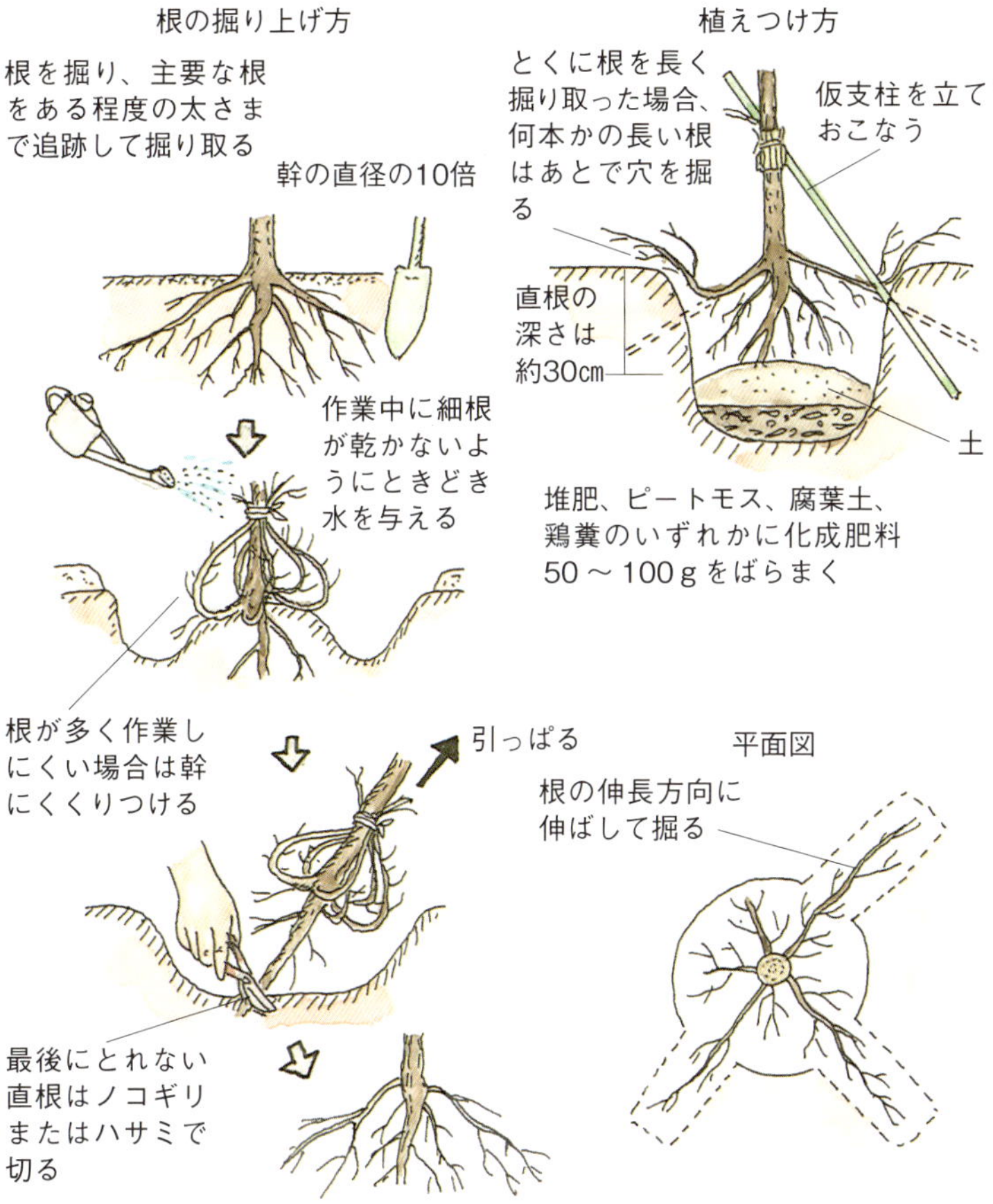

掘り上げと根回し

大苗や若木は、根を長く追跡して細根を掘り上げ、根巻きをしないで移殖できます。

まず、手順として幹のまわりを丸く掘り上げます。作業中に細根が乾かないように水を与えたりします。やっかいな直根はノコギリなどで切断します。大木や古木を移植する場合、植木屋は根巻きをして移殖します。大木、古木は根元に細根がないので、できれば1年前に根回しをしておきます。

ちなみに根回しとは、大きな樹や老木などを移植する場合、移植の半年から1～2年前に根元を掘り、一部の根を切り詰めるとともに、主要な太根に環状剝皮《はくひ》（1～2㎝幅で皮の厚さ分の切れ目を入れ、一周させて外側を剝ぎ取ること）をして細根の発生を促す作業です。

植えつけ方法

大苗や若木の植えつけ場所は、掘り上げた円の大きさにより大きめに掘るようにします。植えつけ方法は苗木の植えつけ方法に準じますが、長い根がある場合、円の外側に穴を掘って収めるようにします（**図8**）。必要に応じて、日焼け、乾燥防止をし、支柱でしっかりと固定しておきます。

移植後の管理

乾くようなら、ときどき水を与えます。発芽したら、アブラムシの防除や、葉を食害する害虫の防除を徹底します。

整枝剪定のポイント

整枝剪定の語意

整枝剪定は果樹の幹や枝を誘引、もしくは一部を切って樹形を整えたり、生長を調節したりすることですが、果樹によって芽のつき方が異なることもあり、方法も違ってきます。

造園関係では、整姿剪定とも書きます。たんに剪定といっても広義では、整枝剪定のことを意味します。一言で剪定といってもよいのですが、細かい（枝先）剪定よりも整枝（枝ぶり）が大事といって、整枝と剪定を分けて使う場合もあります。

もっとも、果樹園芸では、造園関係と同様に整枝剪定という言葉を使うのが一般的です。

剪定の目的

剪定の主な目的を紹介します。

①樹冠内全体の日当たりをよくするとともに、効率よく受光できるようにします。

②結実と枝葉の生長との均衡を保つようにします。

③管理しやすい樹形にします。庭木では、観賞にも耐える樹形をつくります。

④生産効率のよい木にします。太枝を少なくし小枝（葉をつけている）を多くします。

⑤病害虫の発生を少なくします。日当たりがよければ減りますが、罹

病枝の剪除などでさらに減らします。
⑥太い枝を切る場合、一般には切り口が小さくなるように切ります。しかし、盆栽や庭木でも美しく見せたい場合は、切り口が大きくなったとしても、幹の流れを重視します。

図9　間引き剪定と切り返し剪定

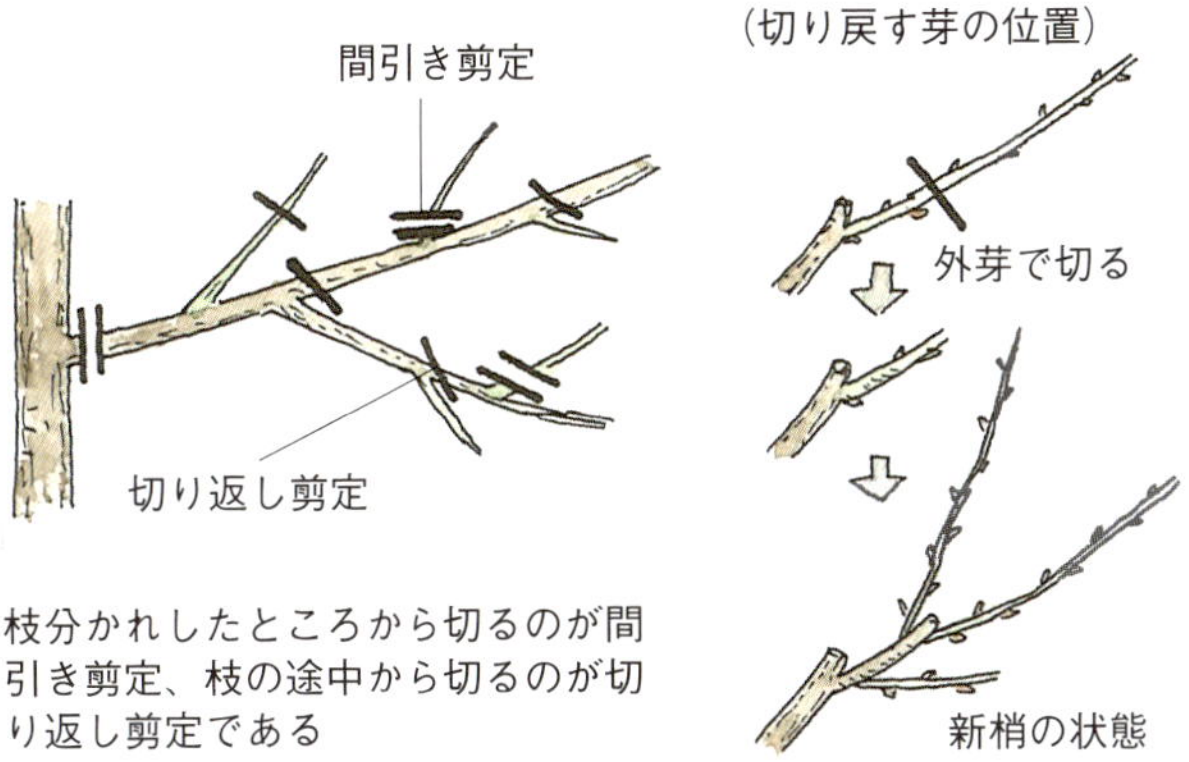

枝分かれしたところから切るのが間引き剪定、枝の途中から切るのが切り返し剪定である

植物生理と剪定の基本

頂部優勢

先端がまっすぐ上に伸びる生育特性、つまり頂部優勢はウメの場合、品種による強弱があるとはいえ、総じて強いです。このため剪定のさい、長果枝や徒長枝を強めに切り詰めないと、コンパクトな側枝（主枝や亜主枝から伸びる枝）はつくれません。

　盆栽では、針金をかけて寝かせることにより、新梢の数が増え、コンパクトな側枝をつくることができます。

日当たりと枝の伸び（間伸び）

枝が込み過ぎないように、日当たりをよく管理していくと節間が詰まります。

　植物ホルモンの一つで植物の伸長、生長を促進させるオーキシンは、光によって働きが抑えられるので、光が当たるほど、枝が伸びにくくなります。したがって、剪定では日当たりのよい場所は多少込み過ぎぎみだとしても、日陰ほど薄くします。

切り返し剪定と間引き剪定

枝の分岐点で切るのを間引き剪定、分岐点以外の途中で切るのを切り返し剪定（あるいは切り詰め剪定）といいます（**図９**）。この言葉は、剪定の植物生理上、重要な意味があります。すなわち、前者は生長を刺激しやすく、後者はその逆です。

　剪定では、生長の旺盛な若木では、間引き剪定を主体に、生長の緩慢な老木では、切り返し剪定を主体におこないます。

除去したい枝

整枝に当たっては徒長枝はもちろ

◆庭先のウメの剪定例

剪定前の状態。枝が込み合っている

剪定後。間引き剪定と切り詰め剪定をおこなう

図10　除去したい枝の種類

ん、内向枝や交差枝、平行枝、下垂枝、立ち枝、枯れ枝など不都合な枝をできるだけ残さないように配慮します。込み合っている場合は、不都合な枝から順に除きます（**図10**）。

短果枝と結果（花）習性

長果枝にも着果（花）しますが、どんな品種でも短果枝にもっともよく結果し、よい果実をつけます。したがって、充実した短果枝をつけるような枝管理が大切です。

冬の剪定で強く切り詰め、夏場は伸びるにまかせるような枝管理では、短果枝はつきにくいし、いくらついても強い発育枝に養分を奪われ、雌しべのしっかりした充実した花にはなりません。

上部の枝を短く

樹の枝の構成を考える場合、上部の枝ほど短く下がっていない

ウメは頂部優性が強いので先端が強く長く伸びているが、他の枝は充実した短果枝群となっている

図11　開心自然形の仕立て方

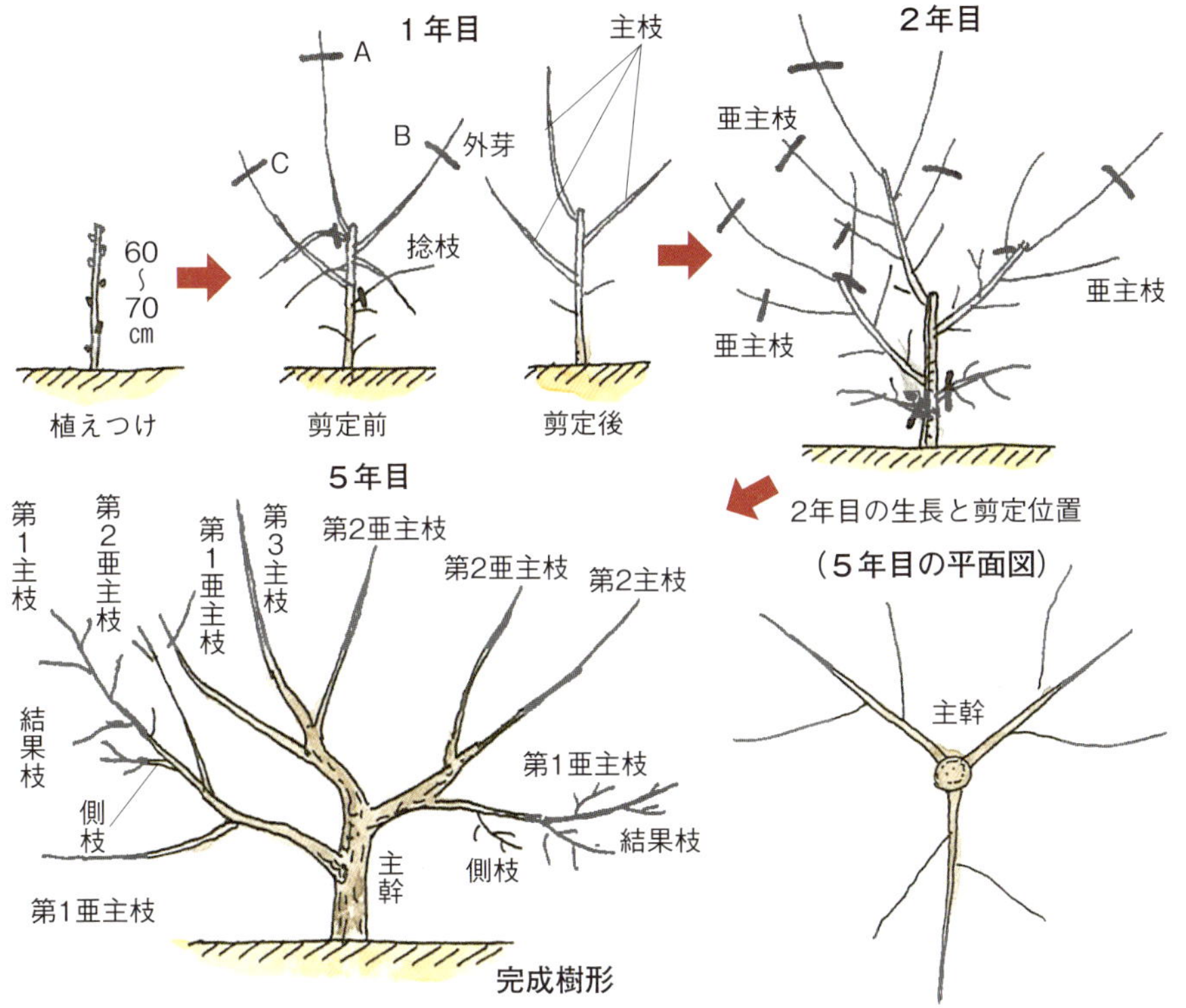

注：①1年目は主枝3本をとり、その他の枝は捻枝や摘心をおこなって強く伸びないようにする。主枝の間隔はA、Bは接近してもよいが、B、Cは15㎝くらい離す。冬季剪定で主枝を2分の1から3分の1ほど切り返す
②2年目からは、主枝の上に亜主枝をつくる。3～4年間で1本の主枝に亜主枝2本、計6本ほどをつくり、この要領で主枝、亜主枝を延長する

と、下部の枝への日当たりが悪く、枝が衰弱します。

広さに合わせた樹形

果樹園（畑）での樹形は、一般には開心自然形（**図11**）が無難です。しかも、管理しやすいように樹高を低くします。従来の開心形（盃状形）に近い、広がりのある樹形です。しかし、庭木では、庭に特別に広いスペースがないかぎり開心自然形のような広がりのある樹形というわけにはいきません。

庭植えの場合、もっとも場所をとらず、樹形も必要に応じて小さくできる主幹形、あるいは主幹をまっすぐに延長して途中で止め、円筒形に仕立てる変則主幹形を基本とした場所をとらない樹形にします。庭の風情に応じて、玉つくり、斜幹形な

図12　変則主幹形の仕立て方

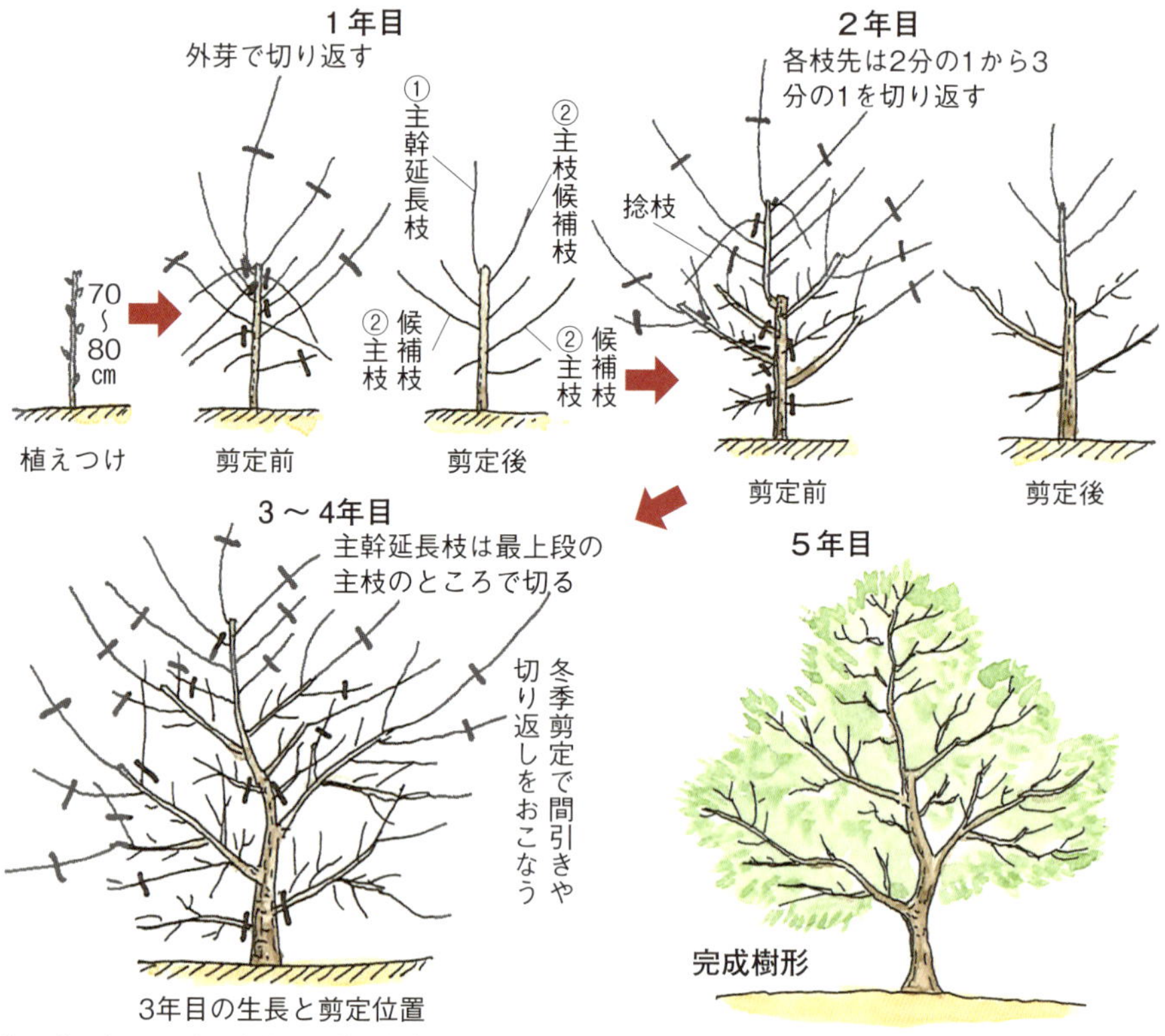

注：①1年目は1本の主幹延長枝と数本の主枝候補枝を伸ばし、その他の枝は捻枝や軽い摘心をおこなって強く伸びないようにする。冬季剪定で主幹の延長枝を1本と主枝候補枝を2〜3本残し、基部から除く。
②2年目は、前年に残した主枝候補枝をまっすぐ延長する
③3〜4年目は2年目同様、各主要枝を延長。主枝を5〜6本に決め、余分なものは間引く

ど、いろいろな樹形を考えます。

さらに、日本庭園で凝った樹形といえば、いわゆる文人《ぶんじん》仕立て（78頁**図21**）などもあります。

開心自然形

開心形は側面から見ると樹冠が横広がりの盃状ですが、開心自然形は準盃状ともいえ、開心形同様に樹高が低いので手入れは楽です。

主枝3本が一般的で、最近では2本にすることもあります。樹間を十分に広くとる場合は問題ありませんが、狭い場合は2本が無難です。

変則主幹形

開心自然形に比べて場所をとらず、収まりがよいので庭先や梅園などにおける一般的な樹形の基本になっています（**図12**）。

庭ウメの樹形

前述の変則主幹形が基本になり、

いろいろな樹形があり、例を示します（**図13**）。

日本庭園で徹底して観賞樹としてウメの風情を楽しみたい場合は、木ぶりを大切にした整枝をおこないます。幹の曲がりを強調し、古さを出すために幹にウロ（空洞）をつくったり、あえて枯れ枝を残し1年枝の切り込みを上芽で切ったりもします。

一方、普通の庭の場合は、従来の樹形でよいのですが、剪定は刈り込みではなく、できればハサミ剪定をします。

なお、広い観光梅園では本数が多いと手がかかるので、6～7月にノコギリでおおまかな整枝をおこない、ハサミ剪定を最小限にとどめるのも省力法の一つです。

図13　よく見られる庭植えのウメの樹形

冬季剪定

冬季剪定は、落葉後から春の発芽期までにおこなう剪定のことです。

花前と花後の剪定

鉢植え以外では花前の剪定が一般的ですが、家庭の庭先や梅園では花後の剪定をおすすめします。

その理由は、強く切り詰めることによって、極端に花数が少なくなること（とくに夏季剪定をしていない場合）、また、ウメでは結実向上のため、開花期のほぼ同じ異品種を混植するか、同一樹に異品種の枝を接ぎ木します。しかし、花前に短く切ってしまい、短い枝だけが残ると、異品種の間で開花期を合わせるのはむずかしくなります。つまり、長い枝の開花は遅いので、花後の剪定では受粉に役立つわけです。

剪定の手順

剪定は、大きなところから小さいところへとすすめます。

まず、ノコギリで樹形の修正をするために、大きなところを剪定し、それからハサミを使う細部の剪定をおこなうようにします。太枝、小枝の切り方を図で示します（**図14**）。

細部の剪定では、徒長枝や衰弱した枝などを中心に間引きます。さらに残った内向枝、下垂枝、同方向に重なり合った平行枝のどちらか、交差枝、枯れ枝などを切除します。

花前、花後いずれの剪定でも、実ウメの剪定でとくに果実の収穫を中心に考える場合は、結果枝の切り詰めは控え目（15〜20㎝）にします。一方、花ウメでは観賞上、樹形にこだわるほど切り詰めは短くします。

図14　太枝・小枝の切り方

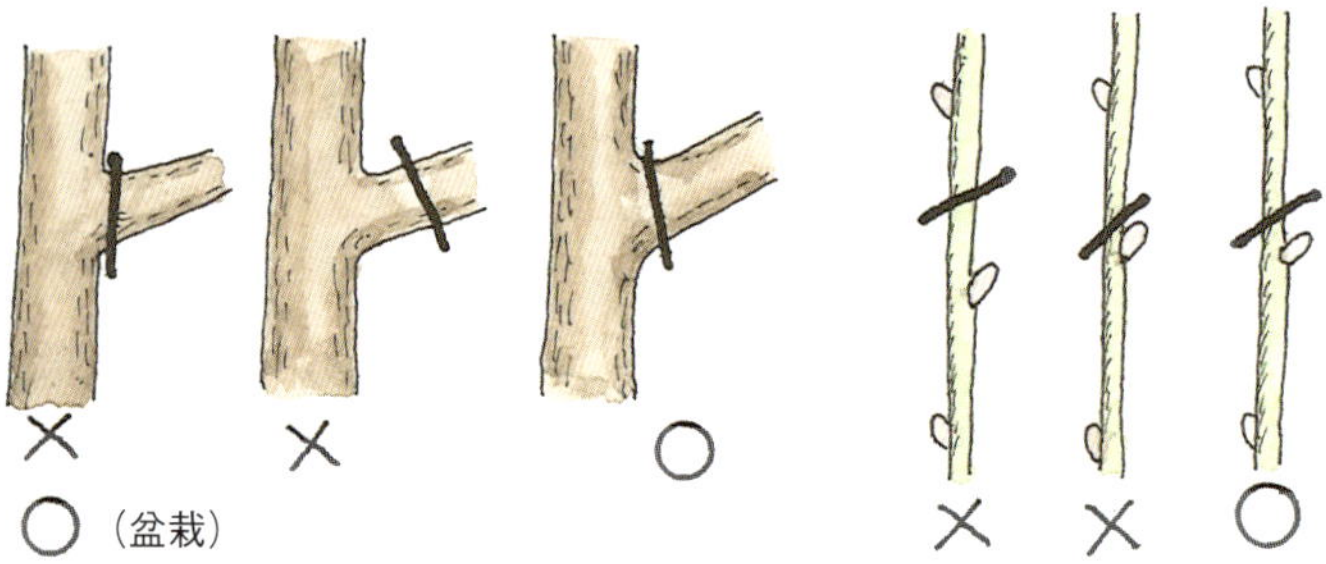

注：①太枝は盆栽では切り口がこぶにならないようにまっすぐ切る（左）
　　②小枝は芽の位置より3〜5mmくらい上で切る

主枝や亜主枝に側枝がうまく配置されている例（冬季剪定後）

夏季剪定

夏季剪定をおこなっている場合の剪定

芽かきや摘心など、夏季剪定をおこなっている場合は、徒長枝はありません。花前は観賞上、不都合な部分があれば、いくらか切って整える程度で十分です。

花後の剪定では、新しい生長を見越して、長過ぎる側枝の切り詰めや、強い新梢（摘心してある）の間引きやさらなる切り詰めなどをおこないます。

夏季剪定をおこなっていない場合の剪定

樹によって、長い徒長枝が林立している場合は、花前の剪定では、長い徒長枝のみを除き、後は花後におこないます。それもあまり短く切り詰めると、極端に枝が少なくなる場合は、控え目に切り詰めます。

冬季剪定（休眠期）に対して、広い意味で夏季（生長期）の芽かき、捻枝、摘心、新梢の間引き、誘引など整枝のすべてを夏季剪定としてまとめました。

◆初夏の芽かき

伸びの芽

芽かきをする

芽かき後

芽かき

春、発芽後、不要な芽があれば除きます。とくに、太い枝の切り口や太い幹の部分などに多く出ます。また、初夏に摘心のあとの二度伸びの芽も、無駄な養分を使わないように小さいうちにかき取ります。

図15　摘心（芽摘み）と芽かき

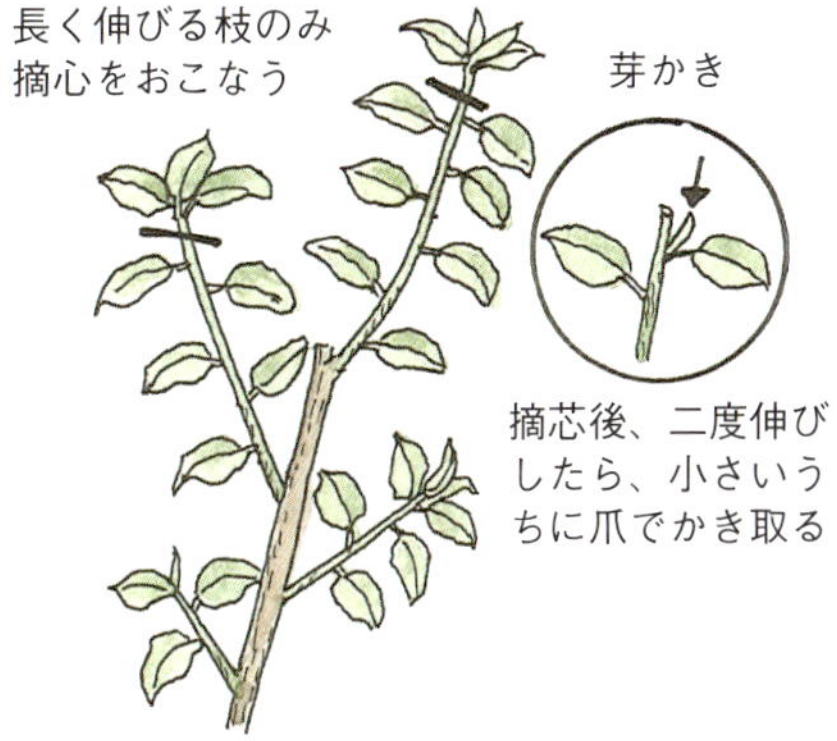

摘心（芽摘み）

幼木や若木で、樹冠を拡大する必要のある場合を除いては、新梢が15cm以上に伸びたものから、摘心をします。

摘心の長さは樹形を細かく、コンパクトに収めたい場合は短めに、実ウメなど果実の収穫を中心に考えたい場合は長め（20cm）で摘心します。摘心後も伸びるので、二度伸びする場合は、できるだけ小さいうちに芽をかき取ります（**図15**）。

摘心後の状態。コンパクトな樹形に仕立てることができる

生長の旺盛な部位では、何度も伸びるので、根気よく何度もおこないます。摘心と芽かきを根気よくおこなえば、どんなコンパクトな樹形も可能です。たとえば、ツツジの刈り込み樹のように、小さく仕立てることも可能です。

捻枝

樹冠を拡大していく幼木や若木では、摘心の代わりに生長を抑えたい新梢は捻枝をします。新梢が30～40cm伸びた時点で、木質部が硬くならないうちにおこないます。

捻枝の要領は左手で新梢の基部を持ち、右手でひねります。なお、成木でも側枝を補いたい場合などにおこないます。

側枝の欲しい部位に不定芽が伸長した場合、そのままにしておくと、太い立ち枝になりやすいので、捻枝をして角度を開き、生長を抑制します。そうすれば、その年のうちによい花芽がつき、翌年、着果させることもできます。実ウメでは、古い側枝の更新にも使えます（**図16**）。

図16　捻枝

側枝をつくりたい場合、捻枝する

左手で新梢のつけ根を持ち、右手で枝をねじる

誘引

主要な枝の向きや角度は、ひもで引っぱったり、支柱を添えたりする誘引により調整します。剪定だけで調節するよりは、楽にしかも自在に枝ぶりをよくすることが可能です。

狭義の夏季剪定

狭義の夏季剪定です。春からの生長がおさまる7月上～中旬おこないます（収穫が終わってから）。

春から伸びたままの場合　幹や太い枝から伸びた不要な徒長枝は、基部から除きます。太く長く伸びた新梢でも、側枝として使えるものや、側枝上に伸長したものなどは、適度な長さ（摘心と同様）に切り詰めます。二度伸びするものは、摘心後と同様、小さいうちにかき取ります。

摘心をおこなっている場合　ほとんど切る必要はありませんが、込みすぎて日当たりが悪い場合は、枝を間引いたり、摘心後長く伸びすぎている枝を切り詰めたりして、日当たりをよくします。庭ウメの場合は、とくに美観を考えて剪定します。

適切な結実管理

開花の早晩と結実

ウメは開花の早い年、つまり、暖冬の年は不作といわれています。開花が早く結実が早いと、蕾よりも花が、花よりも果実のほうが耐寒性が弱いので、後からの寒害で不作になりやすいという理由もあります。

しかし、なにより大きい理由は、開花が早いと花の雌しべの発育が悪く、いわゆる不完全な花が多くなるからです。

こういう年こそ、日ごろの肥培管理の善し悪しが、はっきり現れます。ウメは収穫が終わると、ややもすれば放任されがちですが、それからが花芽分化や発育など、翌年の果実生産のスタートです。開花の早晩に気をつけたいところです。

◆完全花と不完全花

左。雌しべが太く長く、子房が緑色の完全花、中・雌しべが細い不完全花、右・雌しべが短小の不完全花

結実向上のポイント

授粉樹の混植

ウメは、ごく一部の自家結実性品種を除いては、ほとんどの品種が自家不結実性のため、植栽に当たっては授粉樹の混植が必要です。

果樹園として広い敷地に植栽する場合は、1品種より2品種くらいで構成するのが無難です。通常、最低でも2割、できれば3割ほど混植します。できるだけ授粉樹が隣接するような植え方をします。

スペースがなく、どうしても1本しか植えられない場合は、同一樹に開花期の近い、花粉の多い品種を接ぎ木する必要があります。それも1

混植している果樹園の開花

か所といわず数か所、できれば品種も2～3品種接ぎます。

◆接ぎ木による混植

授粉樹の若い枝への高接ぎによる混植の例

高接ぎ後、着実に芽が伸びてきている

1本の樹で接ぎ分けをし、結実向上をはかる

このようにすれば、訪花昆虫の少ない今日、2品種並べて植えるよりも結実は安定します。

肥培管理を徹底

整枝・剪定の徹底　日当たりがよくなるように整枝し、摘心などをおこない、枝を長く伸ばさず、充実した結果枝をつくります。

葉を健全に保つ　病害虫に留意し、秋遅くまで健全な葉を保ち、秋が深まったら、いっせいに落葉するような樹をつくるようにします。

適度な施肥　葉の色などを見ながら、肥料の過不足がないように留意します。

訪花昆虫ハナアブの飛来

人工授粉

授粉樹があれば、自然受粉でも比較的結果しますが、開花期間中の低温などで、ミツバチやハナアブなどの訪花昆虫の飛来が悪い場合、人工授粉をすれば確実です。庭先でウメが1本や2本の場合はおすすめです。

授粉する花

ウメは一般に10cm以下の、短果枝に咲いた花によく着果し、果実の肥大がよく、品質も優れます。したがって、授粉は短果枝に咲いた花を中心におこないます。もちろん例外もあり、南高などは長果枝にもよく着果します。

なお、授粉は完全花におこないます。不完全な花に授粉してもむだです。授粉する前に、どのくらい完全

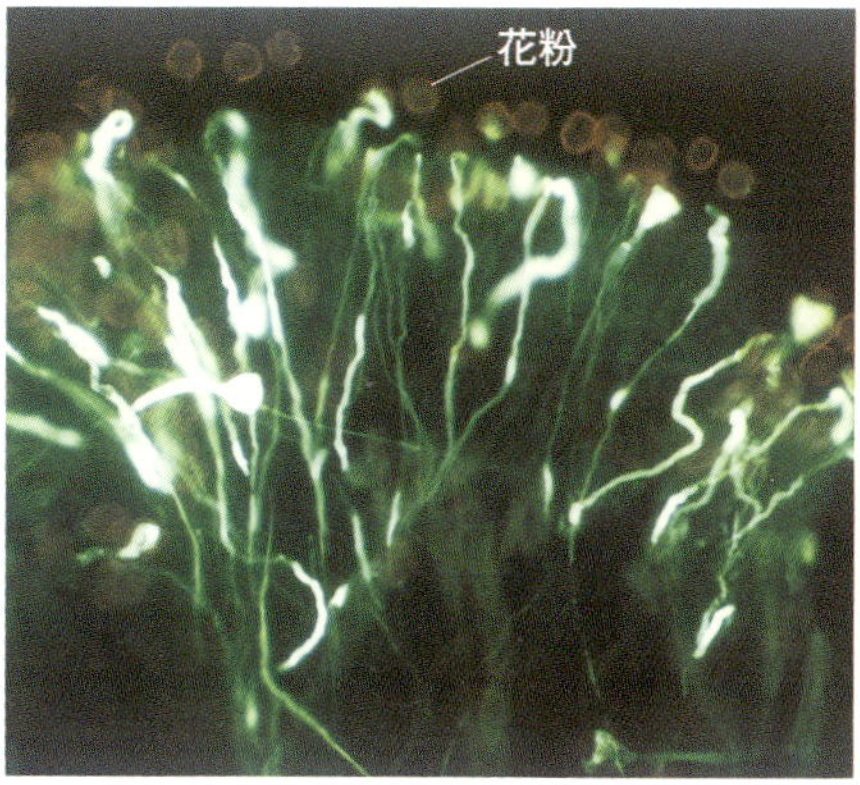

柱頭の拡大写真　雌しべの先端の柱頭についたいくつもの花粉が、それぞれ花粉管を伸ばしている

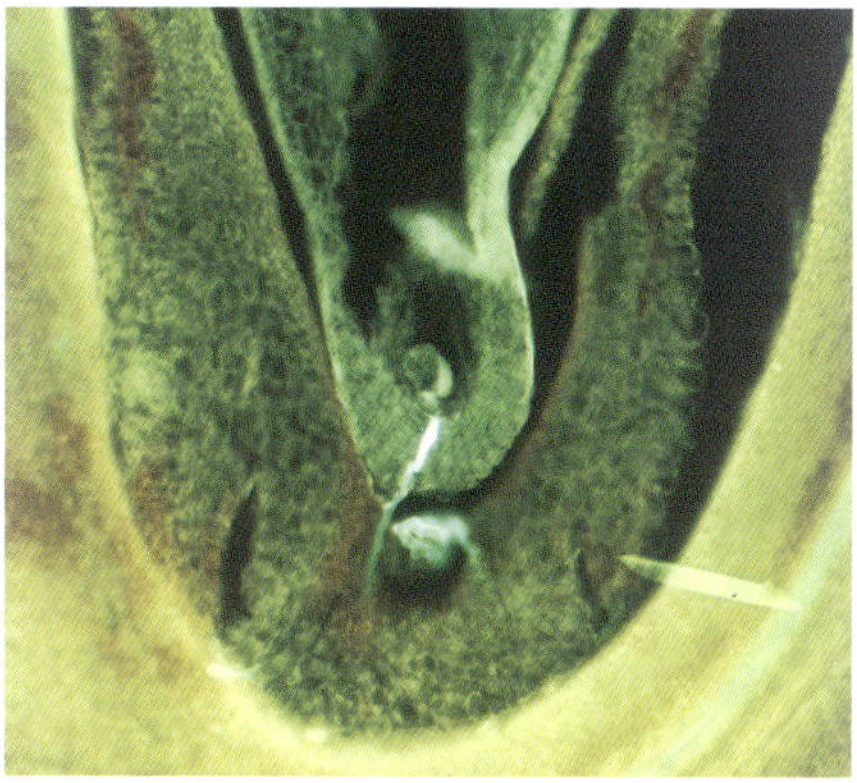

子房の胚珠の拡大写真　花粉管が伸び、受精がおこなわれようとしている。胚珠は受精後、種子になる

◆花粉の多少の目安

開き初め。花粉がほとんど出ていない

雄しべが開き、花粉が出ている

雄しべの花粉が飛び散り、少ない状態

な花がついているかを確認してからおこないましょう。

授粉する花の数は、最初の年は多くの花に授粉しますが、なり過ぎるようなら、5㎝くらい間隔を開けるなど加減してみます。

花の受精能力

花は開花後、どのくらいまで受精能力があるのでしょうか。気温にもよりますが、意外に長く、開花して10日くらいはあります。確実なところでは、雌しべの先端が湿っていれば受精能力があります。

授粉する日の天候

数時間後に雨が予想される場合は、授粉を避けましょう。花が濡れている場合は、乾くまで受粉はできません。

授粉の方法

◆小規模の人工授粉の例

綿棒についた花粉。これで異品種の花をぬぐう

小規模の授粉は耳かき用の綿棒で足りる

花粉のついた絵筆を雌しべの先にあてる。花粉がむだにならない

花を持っておこなう方法（花授粉）

花粉が出ている異品種の花を採り、花を持って授粉する方法です。確実な方法ですが、ごく少数の授粉に限られます。

異品種の花粉を交互に着け合う方法

簡単な方法としては、咲いて花粉が出ている花（指先で雄しべに触れると、黄色の粉がつく）を、綿棒で20～30花ずつ異品種間を交互にぬぐえば、授粉できます。

さらに規模を大きくした場合、車の埃を払う羽根《はね》箒《ぼうき》（授粉用のものがある）を利用すれば能率的ですが、綿棒よりは不確実です。

前もって花粉を集めておこなう方法

花の採取　咲いてまだ花粉の出ていない花や、開花直前の風船状にふくらんだ蕾を採取します。

直径1～2㎜の網（台所にあるだしがらをすくう網などが使える）の上に一つかみの花をのせ、指先で軽くもむと、花粉の袋である葯が落ちてきます。

これを紙の上に受けます。ゴミも一緒に落ちますが、2～3度振るい直せば、ある程度きれいになります。もちろん多少ゴミがあっても一向に問題ありません。

開葯　集めた葯を、紙の上に広

げ、1日くらい室内に置くと、葯がはじけて花粉が出てきます。

これに使う紙は、普通の白い紙で大丈夫です。紙に浅い箱型に折り目をつけ、この中に葯を広げます。これをお菓子の空き箱などに入れ、風で飛ばないようにしておきます。

花粉の保存　花粉を長持ちさせる条件は、低温と乾燥です。通常、花粉を入れた紙をひねり、お茶などの空き缶などの底に、お菓子の袋などに入っていた乾燥剤を1袋入れ、冷蔵庫に保管しておいて使います。

翌年まで保存する場合は、マイナス30℃以下の冷凍庫に入れますが、その時期限りの場合は、普通の冷蔵庫で十分です。花粉をたくさん採取して用いる場合は、小分けして包み、同じ花粉を何度も出し入れせず(能力が低下するため)、1~2回で使い切るようにします。

なお、いくつかの品種に授粉する場合は、花粉の包みに採取日と品種名を書いておくようにします。

授粉　採取した花粉を使って小規模におこなう場合、花粉をむだにしないためにも、さばけた小筆の先に花粉をつけ、雌しべの先端にワンタッチでつける方法でおこないます。大きな筆や綿棒では余計なところへ花粉がつき、むだになります。

また、やや不確実ですが、羽根箒を用いる場合は、ビニール袋の中へ少量の花粉を入れ、花粉が飛ばないように、袋の中でまぶします。授粉用の羽根箒は黒く染めてあるので、花粉の付着具合がよくわかります。

羽根箒を竹竿につければ高い枝にも授粉でき、一定の効果をあげられます。

◆花粉の採取と保管

①開いたばかりの花粉の多い花を網にれる

②軽くこすり、振るうと雄しべの葯が落ちる

③葯を広げて15～20℃の室温で1日くらい置くと、葯がはじけて花粉が出てくる

④花粉(葯がらつき)を紙に包み、小分けする。包みに採取日、品種名を明記する

⑤乾燥剤を入れた茶筒、ノリ缶などに包みを入れ、冷蔵庫などで保管

果実の発育と摘果

果実の発育

果実の発育のグラフは、二重S字曲線を描きます。庭・畑のウメの生育と作業カレンダー（35頁の**表7**、次頁の**表8**）に示したように二つのS字をつなぐ中間に、肥大の一時停止期があり、これが5月上旬から中旬ころです。

この時期が、核（内果皮）の硬化および胚（種子）の発育する時期で、いわゆる硬核期と呼ばれ、果実の栄養生理に大切な時期なのです。果実の肥大は硬核期以後、ふたたび急に始まり、成熟期を迎えます。熟期は、品種により20～30日の開きがあります。

ウメの果実の開花から成熟までの日数は、ほぼ110～130日とされています。

果実の大きさは、品種の違いによるのはもちろんですが、着果量によってもかなりの違いがあります。小ウメ類のように、平均3～8gと小さいものから、豊後のように30～40gと大きなものまで幅があります。

一方、糖や酸は、成熟期に入ると急に増加が目立ち、糖は軟熟直前まで増えつづけるのに対し、酸の増加は成熟間際までです。それでも、ウメはスモモなどほかの果実に比べ、遅くまで酸が増えます。

◆核と仁の発達段階

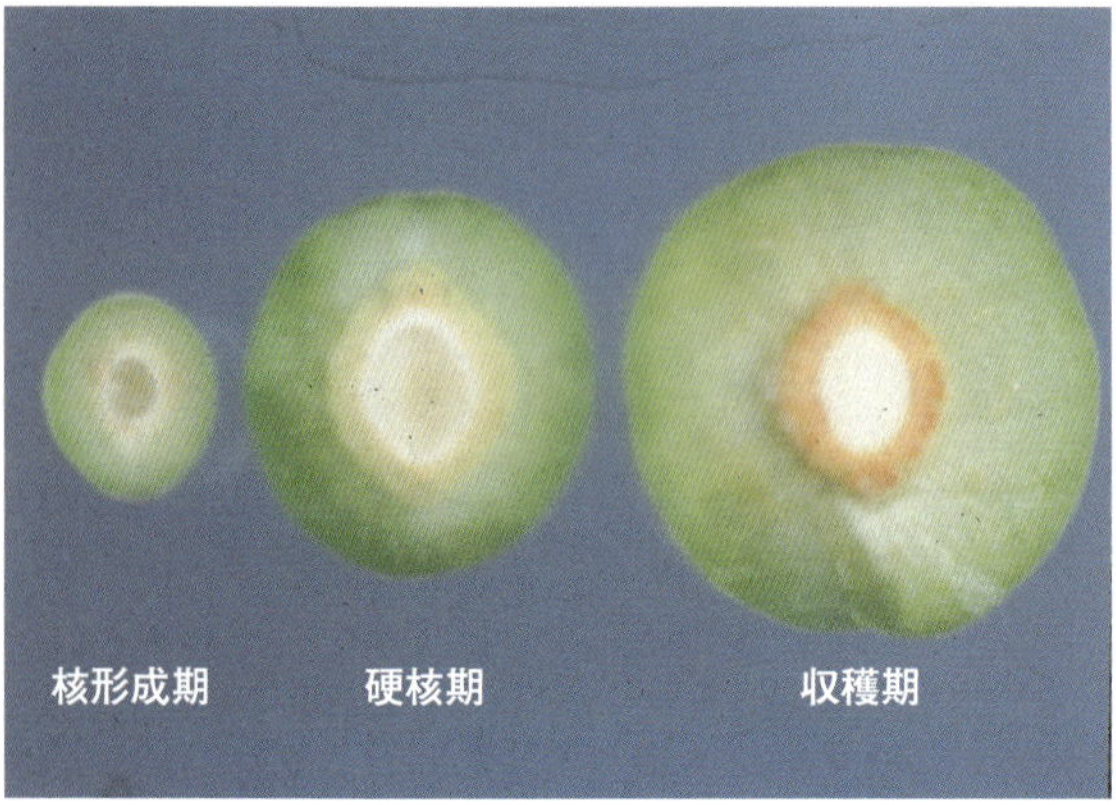

左・仁は透明状態、中・ゼリー状、右・収穫期にはかたまる

摘果の留意点

生理落果

生理落果の原因　暴風や薬害等以外の樹体の栄養生理にもとづく落果を、生理落果といいます。

落果には大きく二つの山があります。第一の山は4月上～中旬にかけてです。落果の理由は貯蔵養分が少ない上に結果が多過ぎる、あるいは樹勢が弱いか逆に強過ぎるかのため、新梢との養分の競合による果実の栄養不足です。

一方、第二の山は5月中旬から下旬にかけてで、原因は土壌水分の過不足による窒素供給の過不足、樹勢の強弱、日照不足、結果過多による果実の栄養不足などです。

生理落果の防止策　1回目の生理落果の防止策は、収穫後の管理を徹底し貯蔵養分を多くすること、新梢の生長に影響の強い剪定の強弱、窒素の過不足などに留意することです。

2回目については、結実の多い樹は早めに摘果、窒素等の過不足がないよう留意し、また、土壌の乾燥にはとくに注意し、必要があれば水やりをするなどです。

摘果のねらい

摘果とは生長前の果実を間引くことです。ウメも結果が多い場合は、摘果をおこなうと果実もよく肥大し、品質も揃います。また、樹の負担も減ります。

しかし、果樹としてのウメは隔年結果することなく、果実を生食するわけではないので、手間がかかるようであれば、かならずしもしなくてもかまいません。

ただ、移植した樹や樹勢の弱った樹などではかならずおこないます。場合によっては、全摘果します。

表8　ウメの果実、果肉などの生長曲線

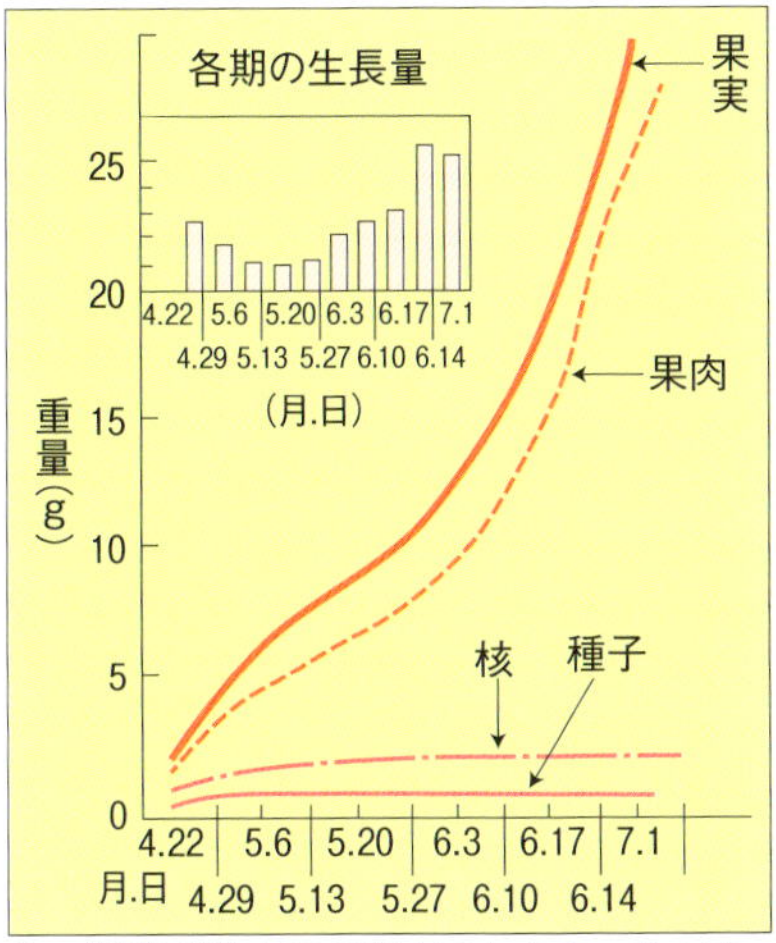

注：『農業技術大系 果樹編６』左宗、農文協

第二次生理落果

日焼け障害などによる落果（６月上旬）

最初は大きいが、あとで肥大しなくなる果実。摘果の対象となる

摘果前の結果（南高）

摘果後の結果状態

摘果の目安

摘果の基準には、果実1個当たりの成長に必要な葉の枚数（葉果比）が用いられます。

ウメの場合、必要な葉の枚数は果実の大きさによって異なり、小ウメで2～3枚、中ウメで5～10枚、大ウメで15枚くらいは必要です。とはいえ、摘果時に葉数は決まっておらず、後から増えてくるので、それを見越しての摘果が必要です。

一般にウメは、短果枝や中果枝によく結果し、よい果実がなります。とくに白加賀や玉英などでは短果枝が中心で、長果枝には多少結果しても、大きな品質のよい果実にはなりません。一方、南高は長果枝でも比較的よく結果し、品質もある程度よいものがとれます。

そこで葉の枚数を結果枝の長さなどに置き換える実用的な方法がとられたりしています。

平均して結果している場合の摘果の大まかな目安は、中ウメや大ウメでは5㎝前後の短果枝には1果、中ウメでは枝の長さ5㎝に1果、大ウメでは10㎝間隔くらいに1果、小ウメでは新梢のない枝に結果したものを摘果するくらいでよいでしょう。むら成りの場合は、1か所に多めに果実を残します。

摘果する果実と時期

摘果する果実は、まず小果、病虫害被害果、傷果、変形果です。それでも多ければ、よい果実も除きます。ただ、果実の直径が1㎝余りくらいまでの発育初期は、前年の貯蔵養分で育つので、葉のない枝の果実が、新梢との養分の競合がないため大きくなります。あとでは葉のある枝の果実のほうが大きくなります。

なお、摘果の時期は、年や品種にもよりますが、平年で4月上～中旬ころです。

土壌管理と施肥

土壌管理

ウメは排水さえよければ、土壌を選びません。ウメの好適土壌酸度はpH6.5〜6.8くらいとされています。土壌管理は、果樹園では雑草草生で、ときどき草を刈って管理するのがベターです。草は土を耕し、土を肥沃にするのに役立つので、草刈りの手はかかりますが、草を有効に利用したいものです。

水やりは、鉢植え以外は、移植後や特別な土壌条件でないかぎり、ほとんど必要ではありません。しかし、例年、ヤニ果の発生が多い場合は、土壌が乾くと微量要素であるホウソが吸収されにくくなるので、5月に土壌の乾燥がつづくようなら水やりが必要です。

施肥の時期と施肥量

施肥の時期

庭のウメや屋敷まわりのウメ、畑の脇のウメなどは、それほど決まりきった施肥を考える必要はありません。与えても収穫後の7月上旬の1回くらいで結構です。

ウメが庭から離れた場所にある場合、草、落ち葉などの植物ゴミを敷くだけで十分です。また、残飯などの生ゴミは、植物ゴミとともに堆肥にして使うことができます。

標準的な施肥量

果樹園として栽培している場合の、標準的な施肥量をあげておきましょう。施肥量は収穫量や土壌条件などで異なり、主産県の事例を見てもかなりの違いがあります。成分量に合わせて、用いる肥料の成分含有率から施肥量を計算します。産地では「ウメ肥料○号」といった配合肥料があり、それを使っている農家も

表9　実ウメの施肥時期と年間施肥量
（10a当たり）

施肥時期	割合	窒素	リン酸	カリ	化成肥料（8：8：8）	鶏糞
元肥（7月上旬）	（%）45	（kg）9	（kg）5.4	（kg）7.2	（kg）56	（kg）129
花肥（11月上旬）	30	6	3.6	4.8	38	86
実肥（4月中旬）	10	2	1.2	1.6	25	
実肥（5月中旬）	15	3	1.8	2.4	38	
年間	100	20	12	16	157	215

あります。

細かい計算が面倒な方のために、ごくおおざっぱですが普通の化成肥料と、鶏糞での施肥を考えてみました。元肥と花肥は、化成肥料と鶏糞を半々に用い、実肥は化成肥料のみとしました（**表9**）。

なお、鶏糞は成分含有率が一定しません。窒素に対してリン酸は多いのですが、カリは窒素よりはるかに少ないので、標準施肥量の窒素のみに合わせて計算しました。

一般に、有機配合と称して高価な肥料が多いですが、そのようなものを使わなくても、鶏糞は調和のとれた、安い有機質肥料です。また、鶏糞にはカルシュウムも多く含有しているので、石灰の施用はほとんど不要です。あとは、有機質を適度に投入するくらいで十分です。

主要な病害虫の防除

主要な病害虫と防除法、さらに生理障害（いわゆる生理病）についてあげておきます。

果実の出荷、販売を目的として栽培する場合は、ある程度の防除は避けて通れません。しかし、家庭での利用が中心であれば、場所や品種などにもよりますが、減農薬や無農薬に近い栽培も可能です。

ウメの主要な病気

黒星《くろほし》病　葉、新梢、果実を冒します。とくに、果実に黒褐色の円形病斑を形成するので、よく知られています。病斑は果皮だけで、内部まで入らないのが、ウメカイヨウ病と異なる点です。病原菌は枝の病斑で越冬し、4～6月にかけて、雨でこの病斑から伝染します。薬剤は、トップジンM水和剤やストロビードライフロアブルなどが有効です。

ウメカイヨウ病　細菌による病気で、葉、新梢、果実を冒します。葉では白色斑点がしだいに紅色になり、被害部は脱落して穴があき落葉します。発生が多いと、樹勢が衰弱します。新梢の病斑は縦に割れて樹脂を分泌します。果実では黒紫色の斑点をつくり、ひどいときは落果します。傷痍《しょうい》感染をするので、風当たりの強い場所を避けます。薬剤はストレプトマイシン剤が有効です。

ススハン病　収穫期の果実が薄汚れて、外観が悪く、非常に商品価値

◆ウメの主な病気・病状

白紋羽病

ウドンコ病

黒星病

ウメ輪紋ウイルス（退緑斑点、輪紋）

コウヤク病

ウメカイヨウ病の果実と葉

ウメ輪紋ウイルスの花弁の斑入り症状

縮葉病

ススハン病の被害果（左）

を損ねます。薬剤は、オーソサイド水和剤80やストロビードライフロアブルなどが有効です。

ウドンコ病　症状は葉の表面に淡黄色の斑点ができ、葉裏面が白い粉状のもので覆われ、やがて淡紫色になります。ウドンコ病は、早期落葉の主原因ですから防除が大切です。枝が混みあって風通しが悪いと、発生しやすくなります。

発生は主に梅雨明けころからですが、5～6月のトップジンM水和剤やベンレート水和剤などが有効です。

タンソ病　成熟期の果実に、水浸《すいしん》状の病斑ができ、以後、病斑の肥大とともに中央がくぼんで褐色になり、その病斑部に鮭肉色の胞子のかたまりをつくります。枯れ枝を剪定時にていねいに切除します。薬剤はジネブ剤が有効です。

コウヤク病　枝や幹に発生し、灰色で、膏薬《こうやく》を貼ったような病斑を形成。病斑が枝をとりまくと、枝は衰弱します。普通に病害虫防除をしていれば、発生することはほとんどありません。カイガラ虫が媒介するので、カイガラ虫の防除を徹底します。発生した場合、石灰硫黄合剤の10倍液が有効です。

縮葉病　春、新梢が伸びるとともに発生、被害葉は、紅色の縮れた分厚い葉となるので目立ちます。6月には葉の表面に灰白色の粉をふき、やがて黒くなって落ちます。この病気はアンズやアンズの血統の濃い、いわゆる豊後系統のウメに発生します。発生を見つけしだい、早いうちに切り取って処分します。

白紋羽病　根が冒される病気で、根に白い鳥の細毛のような紋羽状のカビがはえ、病気が進行すると木は枯死します。被害のひどい樹は抜き取り、ていねいに根を除いて焼却します。あとは、トップジンM水和剤の液を注入して殺菌します。植え穴はもちろん、土中に枝などを埋めないようにすることが大切です。

ウイルス病　ウメに発生するものでは、ウメ輪紋《りんもん》ウイルス（プラムポックスウイルス）と、ウメ葉縁《ようえん》えそ病（茶がす症）などがあります。前者は2009年（平成21年）4月に青梅市で発見され、青梅から接ぎ穂を持ち込んだ地域からも、次々に発見され、問題になっています。

この病気はウメだけでなく、モモやスモモなど、ほかの核果類にも伝染するので、国をあげて防除に取り組んでいます。

病徴は葉では、輪紋症状、退緑斑点などの症状が、花では花弁に斑入り症状などがあらわれます。葉の症状は、5月ころに特徴があらわれやすいので、疑わしい樹を見つけたら、その筋に連絡しましょう。

防除法は、①罹病樹の伐採、②発生地域からウメだけでなく、ほかの核果類の接ぎ穂や苗木を持ち込まない、③アブラムシが媒介するので防除を徹底する、この三つのほかに防除法はありません。

ウメ葉縁えそ病は和歌山県南部《みなべ》地方で一時期問題になりましたが、伝染力がそれほど強くなく、現在は問題になっていません。

ウメの主要な害虫

アブラムシ類　ウメにはウメクビレアブラムシ、オカボアカアブラムシ、ウメコブアブラムシなど、多種のアブラムシが寄生します。アブラムシは、主に発芽伸長中の若い芽に寄生し汁液を吸収します。

アブラムシが寄生すると、樹液を吸われるので、生長を阻害します。ウメクビレアブラムシのように葉を巻く種類では、葉が縮れたままで広がらず、生長を大きく阻害します。また、アブラムシの排出物が果実や葉にかかると、スス病菌が繁殖して黒くなり、果実の外観を損ねます。

なお、アブラムシはウイルスを媒介するので、プラムポックスウイルスの伝染が懸念される地域では、防除の徹底が必要です。

防除のポイントを述べます。多くの有効薬剤がありますが、例年、葉を巻くタイプの被害を受ける場合は、発芽直後の防除が大切です。また、アブラムシの中には、薬液をはじき、薬液が虫体に付着しにくい種類があります。

いずれの場合も、浸透性の薬剤の効果が高くなりますが、どこの家庭にもあるマラソンなどの普通の薬剤でも、展着剤を添加し、薬剤が虫体によく付着するようにすると効果が向上します。

ウメシロカイガラムシ　1年のうち5月上～中旬、7月上～中旬、9月上～中旬の3回発生します。幼虫の発生初期が防除の適期で、スプラサイド乳剤やアプロード水和剤などが有効です。越冬期の防除では、マシン油乳剤が有効です。

コスカシバ　主幹や主枝の皮部を食害、樹勢を弱らせます。年1回発生し幼虫で越冬。3月から活動を始め、虫糞を外に出します。成虫は4月から10月まで発生しますが、多いのは6月と9月です。

防除は3～4月に虫糞を目印に捕殺し、樹皮が傷ついた場合、接ぎロウなどを塗っておきます。

薬剤による防除では、5月以降、

◆アブラムシ類

アカアブラムシの寄生

テントウムシの幼虫がカイラガムシを食べ尽くそうとしている

◆ウメの主な害虫

モンクロシャチホコガの幼虫

ウメケムシの卵

ウメクビレアブラムシ

タマカタカイガラムシの幼虫発生

ウメケムシの幼虫

コスカシバの幼虫

タマカタカイガラムシの成虫

カメムシ

排出されたコスカシバの糞

殺虫剤を散布するたびに、主枝や主幹部にも散布しておくとともに、9月にスミチオン乳剤の500倍液を、葉にかからないように主枝や主幹部にのみていねいに散布します。

ウメケムシ（オビカレハ）　3〜4月にかけ、年1回発生します。幼虫は糸で天幕状の巣をつくります。この虫は触るとかぶれるので要注意です。卵塊を捕殺するか、発生した場合は、幼虫を巣ごと捕殺します。発見が遅くなり幼虫が散乱した場合は、スミチオン乳剤などの薬剤を用います。

ウメスカシクロハ　年1回の発生で、幼虫は9月に孵化し、若齢幼虫で越冬し、萌芽期に新芽を食害。5月ころまで葉を食害します。

越冬した幼虫は、萌芽直後の小さい芽から食害するので、ひどい場合

ウメスカシクロハの被害。芽が出ていない

は大きな樹1本が、ほとんど芽がない状態になることもあるくらいです。樹皮の割れ目などに潜んでいて、夜間に出て食害します。幼虫は腹部が赤いので、「アカハラ」の別名があります。

防除は9月の幼虫孵化期に、スミチオン乳剤を散布します。できなかった場合は、3月下旬の萌芽期に同じように散布します。

カメムシ類　いろいろな果樹で、果実への被害が多発していますが、ウメについても同様です。果実の表面から汁液を吸われるため、その痕がしこりとして残り、果実の品質を損ねます。防除には、スプラサイド乳剤や、スカウトフロアブルなどが有効です。

コガネムシ類、イラガ、ミノムシ、モンクロシャチホコガ（フナガタケムシ）　大量に葉を食害する害虫には要注意です。スミチオン乳剤やデイプテレックス乳剤などが有効です。なお、フナガタケムシは、8月下旬から9月中旬にかけて発生、若齢幼虫は群がっているので、数枚の葉を採るだけで捕殺できます。

タマカタカイガラムシ　ウメ、アンズなど核果類に寄生するカイガラムシです。幼虫で越冬、春に球形の成虫（4〜5㎜）になります。5月ころ、成虫の体の下に産卵、5月下旬から6月に孵化し、枝に定着します。発生は年1回です。

防除は幼虫発生時にスプラサイド乳剤1500倍（収穫14日前、2回まで）か、12月にマシン油乳剤（97%）30〜50倍の散布が有効です。なお、スプラサイド乳剤は果実の収穫までは避けたいものです。

また、鉢植えや地植えでも幼木では、硬い歯ブラシなどでこすり落とすのも一つの方法です。

ウメの生理障害

ウメでよく見られる病原菌によらない生理障害をあげておきます。

ホウソ欠乏症　いわゆるヤニ果で、原因は微量要素のホウソ欠乏によるものです。

果実の表面にヤニをふく場合と果肉の中にこもる場合もあります。南高などは後者のタイプで、ヤニ果はほとんど発生しません。和歌山ではしこりウメと呼んでいます。

防止策としては、果実の肥大の盛んな5月にホウソを土壌施用か葉面散布で与えます。土壌施用では、ホウ砂を10a当たり2kg施用します。量が少ないので、均一にまくには5月の追肥に混ぜて用います。葉面散布では、5月中に1~2回0.2~0.3%のホウ酸を、薬害を防ぐため生石灰をホウ酸の半量加えて散布します。

なお、土壌管理では、土壌に十分に有機物を施用すること、果実の肥大の盛んな5月に土壌を乾燥させないことなども大事です。

果実の日焼け障害　果実の頂部や肩部の陽光部に淡褐色の斑点ができ、それが広がってくぼみ、その下の果肉は褐色に変わり、ときには空隙ができ、その中に樹脂が詰まることもあります。症状のひどい果実は落果します。

防止策としては、葉面散布を除いては、ヤニ果の場合と似たところがあります。

◆ウメの生理障害

ホウソ欠乏によるヤニ果。果実の表面にヤニをふいている

日焼け障害による症状。淡褐色の斑点が広がっている

防除暦の例

庭先果樹としてのウメは、ほとんど薬かけなどしなくてもつくれるのが魅力ですが、近年は病害虫の発生も多く、なかなか完全無農薬というわけにはいきません。ましてや少しでも出荷、販売するとなると、防除にはかなりの留意が必要です。とくに最近目立つススハン病など外観を損なう病害虫には、留意が必要です。

ここでは、参考までに農家レベルの防除暦を紹介しておきます（**表10**）。家庭ならば必要に応じて、ポイントとなる防除をいくつか選べば十分です。

ウメに使える主な薬剤

ウメに使える主な薬剤をあげておきましょう（**表11**）。

薬液をつくる器具

準備するものとして噴霧器、容器、薬剤計量器具が必要です。

噴霧器　複式スプレーがおすすめです。ほかに、1ℓ程度の小さいスプレー。

薬液をつくるための容器　5ℓのポリバケツ（ℓ単位の目盛り付き）。この他に、1ℓの目盛り付き容器。

薬剤計量器具　できればg単位で計量できる秤。また、薬剤によっては計量スプーンも使えます。

とくに使いやすいのは、目盛り付きのスポイト、または液体肥料などについている目盛り付きの小カップです。

表10　ウメの防除暦の一例

時期	主な対象病害虫	使用薬剤と濃度	備　考
3月中～下旬	アブラムシ類	スミチオン乳剤、2000倍	必要があれば混用散布
	カイヨウ病	アグリマイシン100、1000倍	
4月中～下旬	黒星病	トップジンM水和剤、1500倍	必要があれば混用散布
	カイヨウ病	アグレプト水和剤、1500倍	
	コスカシバ	スカシバコン50～100本／10a	梅園のように、まとまった植栽の場合に用いる
5月下～6月上旬	ススハン病、黒星病	オーソサイド水和剤80、1000倍	
7月上～下旬	ウメシロカイガラムシ	スプラサイド乳剤40、1500倍	12月にマシン油を散布していれば、ほとんど必要ない
9月下～10月上旬	コスカシバ	ガットキラー乳剤、100倍（樹幹散布）	
12月上～中旬	カイガラムシ、その他の越冬害虫	マシン油乳剤（97%）、50倍	蕾が大きくならないうちに散布。散布後3日ほどは無降雨雪のこと

注：家庭園芸では、多くは黒星病とアブラムシ類、カイガラムシ類、それに夏場の葉を食害する虫（コガネムシ類、フナガタケムシなど）の防除程度ですむ

表11　ウメに使用できる農薬

病害虫名	使用農薬及び使用方法
黒星病	ストロビードライフロアブル（7日3回）2000～3000倍 スコア仮粒水和剤（7日3回）3000倍 オーシャイン水和剤（前日3日）3000倍 オーソサイド水和剤80（14日5回）
カイヨウ病	マイコシールド（21日4回）1500倍 アグリマイシン100（14日4回） Zボルドー―葉芽発芽前まで― ICボルドー―葉芽発芽前まで―
ススハン病	オーソサイド水和剤80（14日5回） ストロビードライフロアブル（7日3回）2000～3000倍 スコア仮粒水和剤（7日3回）3000倍
白紋羽病	フロンサイドSC（土壌灌注、収穫後～開花前ただし80日1回）500倍、50～100ℓ／樹
アブラムシ類	スミチオン乳剤（14日2回）1000～2000倍 アデイオン乳剤（1日2回） アドマイヤー（21日2回）2000倍 アクタラ仮粒水溶剤（7日2回）2000～3000倍
カイガラムシ類	スプラサイド乳剤40（14日2回）1500倍 アプロードフロアブル（45日2回）1000倍　｝幼虫のみ適用

薬液のつくり方

薬液を10ℓつくる場合ですが、手順としてまず10ℓのポリ容器に水7～8ℓを入れ、最初に展着剤を加えて軽く撹拌。次いで目的の薬剤を入れます。混用する場合は液剤を先に入れ、水和剤（粉状）を後から入れ、全量が10ℓになるように水を加えてよく撹拌すればできあがりです。

水和剤は、別の容器で少量の水に溶かしてゆすぎこみますが、溶けやすい薬剤は、そのまま入れても大丈

夫です。

なお、混用する場合、できあがった薬剤を混ぜ合わせるのではなく、同じ水の中に、それぞれの薬剤の濃度になるように、薬剤を加えます。

薬液は使う直前につくり、使い切るようにします。また、薬剤の説明書を読み、濃度、使用回数、収穫前何日まで使えるか、などを遵守してください。

散布の心得

散布は風のない早朝におこないます。とくに夏は、日中を避けるようにします。

かけむらがないようにします。とくに葉裏によくかかるように、いろいろな方向からていねいにかけましょう。二度かけは避けます（薬害のため）。

収穫のポイント

収穫の時期

収穫時期は、用途と熟度の関係が大事です。ウメ干しは熟したウメが適しています。

ウメ酒やウメジュースは、従来は青ウメ、いわゆる若いウメのほうが、さわやかでよいということになっています。しかし、近年では機能性なども配慮して、南高などは熟したウメがよいとする報告もあります。いずれにせよ、つくって飲んでみての好みでよいでしょう。

梅肉《ばいにく》エキスは、昔から青ウメということになっています。ウメジャムは酸味が評価されますが、熟すと酸味が少なくなるので、その分、砂糖が少なくて済みます。豊後梅はウメとはいえ、アンズに近いので、熟したものでつくると、まろやかなジャムができます。

なお、熟期は品種、場所、その年の気温の推移により異なります。また、同じ品種でも結果部位によっ

梅雨の時期には庭先はもちろん、産地（和歌山県みなべ町）でも収穫が始まる

◆果実（白加賀）の熟度の変化

①は熟し始めの段階、②③はウメ酒などに利用できる、③④はウメ干しなどに利用できる、⑤は過熟の状態（歩どまりがよくない）。南高など表面が紅色になる果実は、色合いの面で違った変化を示す

て、1～2週間の違いがあります。すなわち、日当たりのよい樹の上部の果実は早く、日当たりの悪い裾枝の果実は遅れます。

これは一つに開花時期と関係があります。ウメの開花期間は、早咲き品種では2か月、遅咲き品種でも1か月くらい、時期に差があります。

参考までに、白加賀の熟度の変化の写真をカラーチャートで示します。

収穫の方法

目の届く庭先にあるウメは、一つずつ熟度を確認しながら果実を軽くつまんで持ち上げて収穫するのが大きな楽しみといえるでしょう。傷をつけないように、ていねいにカゴなどに入れていきます。

実際、多くの樹がある場合は大変な作業になるので、熟して落果した

中粒種の果実がたわわに実る

ネット上に集めた熟果（養老）

ウメ酒用に収穫した在来種

店頭販売されているウメ酒用の果実

主産地のウメ集荷(南高。和歌山県みなべ町)

小粒種の熟果も売り場に出揃う

果実を拾うのも一つの方法です。まさに完熟です。もっとも言葉の響きはよいのですが、この場合の用途は主にウメ干しに限られます。薄黄色に色づき始めたくらいが歩どまりがよく、扱いも楽です。

落果した果実を拾う場合、緩い傾斜地だと、シートや目の細かいネットを敷いておけば、転がって下に集まるので能率的です。平地の場合は、拾うのが大変です。また、多少傷つくのは承知で一気に収穫する場合は、シートを敷いて太めの枝を瞬間的にすばやくたたくと落果します。

なお、収穫は果実温が低い朝のうちにおこなうようにします。果実温が高いと、追熟がすすみやすいので、とくに、どこかへ送る場合は注意が必要です。

収穫後のウメの扱い

ウメは呼吸活性が強く、急に追熟がすすむので、収穫後はできるだけ早く処理します。やむをえず、かなり青いウメを一気に収穫した場合は、より分けて用います。

また、果実は高温、乾燥に弱いので、どうしても一部を保存せざるをえない場合は、一時的にポリ袋に入れて冷凍庫、もしくは冷蔵庫の冷凍スペースに入れるとよいでしょう。

苗木の繁殖方法

種子繁殖と栄養繁殖

果樹の苗木の繁殖方法は、種子繁殖と栄養繁殖に大別されます（**表12**）。

種子繁殖は種子をまいて繁殖する方法で実生《みしょう》法（果樹を種から育てる方法）、または実生と呼ばれ、品種改良などの場合と接ぎ木用の台木をつくる場合に用いられます。

栄養繁殖では、親と遺伝的に同じ枝などの一部を台木に接ぎ木したり、挿し木、取り木（母樹の枝を土などで発根させてから切り取り、独立した苗木にする方法）にしたりして苗木をつくります。果樹の苗木づくりのほとんどが栄養繁殖の方法によっておこなわれています。

ここでは参考までに実生法と一般的に取り組みやすい接ぎ木、さらに鉢植え用におこなわれる挿し木などの苗木づくりを解説します。

表12 主な繁殖方法

種子繁殖
- **実生（実生法）**

栄養繁殖
- **接ぎ木**
  - 〈枝接ぎ〉
    - 切り接ぎ
    - 腹接ぎ
  - 〈芽接ぎ〉
    - 剝ぎ接ぎ
    - そぎ芽接ぎ
    - 盾芽接ぎ
- **挿し木**
  - 〈休眠枝挿し〉
  - 〈緑枝挿し〉
- **取り木**

実生法

採種の方法

熟して落果あるいは収穫した果実を、樹下などにまとめて積んでおき、果肉と種子が分離しやすい程度に腐熟させます。黒くなるまで腐熟させてはよくありません。

手で握って種子を取り出してバケツなどに入れ、種子同士をこすり洗いして果肉をきれいに除きます。これをざるなどに広げて、2～3日陰干しにします。

種子を持ち、耳元で振ると、かすかに仁が動く音がする程度まで干します。

種子の保存

挿し木などに用いるトレイに肥料けがなく、水はけのよい用土（赤玉土や鹿沼土等の）を7～8cmの深さまで入れ、その上に種子同士がくっつかない程度に並べ、種子の約2倍の深さになるように土をかけます。

その上に、乾燥防止に藁か枯れ草などをかけ、直射日光の当たらない、樹下などに置きます。乾燥がつづくようなら、ときに水を与えます。あるいは、少量ならポリ袋に入れて冷蔵庫に保管しておいてもかまいません。

◆実生の例

発芽した実生

芽生えの状態

種子から発根（3月上旬）

播種

12月に入ったら、保存した種子を2～3取り出し、剪定ハサミで切り、仁の吸水状態を確認します。

仁が核いっぱいに膨らんでいれば、そのままで春になれば発芽します。種子が十分に吸水した状態でないと、休眠打破に必要な低温が効きません。

吸水が十分でない場合は種子を回収し、ポリバケツなどに入れて水をはり、2～3日吸水させます。吸水度合いは、ハサミで切って確認します。

吸水したら、もとのように種子を並べて土をかけます。後は乾燥するようなら、ときに水を与えます。

なお、冷蔵庫などに保存した種子も同様に吸水させて、適当な大きさの鉢に種子同士がくっつかない程度に並べて播種します。

移植

発芽して7～8㎝くらいになったら、堆肥などを十分にすきこんだ、よく肥えた土壌に移植します。苗は生育のよいものから揃ったものを順に植えます。苗の葉の色や形などで系統もある程度わかるので、できるだけ選びます。

苗の直根部分を切って植えると、根張りのよい苗になります。間隔は株間15㎝、列間15㎝の並木植え、畝間50㎝くらいとします。

肥培管理

移植後は、月に1～2回定期的に施肥し、乾けば水を与えます。また、アブラムシやシンクイムシの被害を防ぐなど、病害虫防除を徹底すれば、8月ころまでには接ぎ木ができる大きさになります。なお、アブラムシはオルトランなどの粒剤を用いれば、楽に防除できます。

接ぎ木

接ぎ木は、枝などの一部を切り取って台木に接ぐ方法です。接ぐほうを接ぎ穂、穂木、接がれるほうを台木と呼びます。

接ぎ木ができると、1本の木にいろいろな品種を接ぎわけ、結実向上とともに、品種のコレクションを楽しむことができます。

穂木の貯蔵

春の枝接ぎでは発芽していない穂木を用います。そのためには、穂木の貯蔵が必要です(77頁写真参照)。

接ぎ木の種類

接ぎ木は、接ぎ穂の違いによって枝接ぎと芽接ぎに大別されます。

また、接ぎ穂の削り方、合わせ方などによって、いろいろな呼び名がありますが、ここでは、もっともよくおこなわれている枝接ぎの切り接ぎ、腹接ぎ、剝ぎ接ぎ、芽接ぎの盾芽接ぎ、そぎ芽接ぎの方法をあげておきます。

枝接ぎの方法

切り接ぎ　接ぎ木を代表する接ぎ方です（**図17**）。適期は、一般には台木の発芽期前後の2～4月です。多くの種類では、台木の芽が発芽しかけたころに、発芽していない穂木を接ぐのがベターです。

ただ、キウイフルーツやブドウな

図17　切り接ぎ

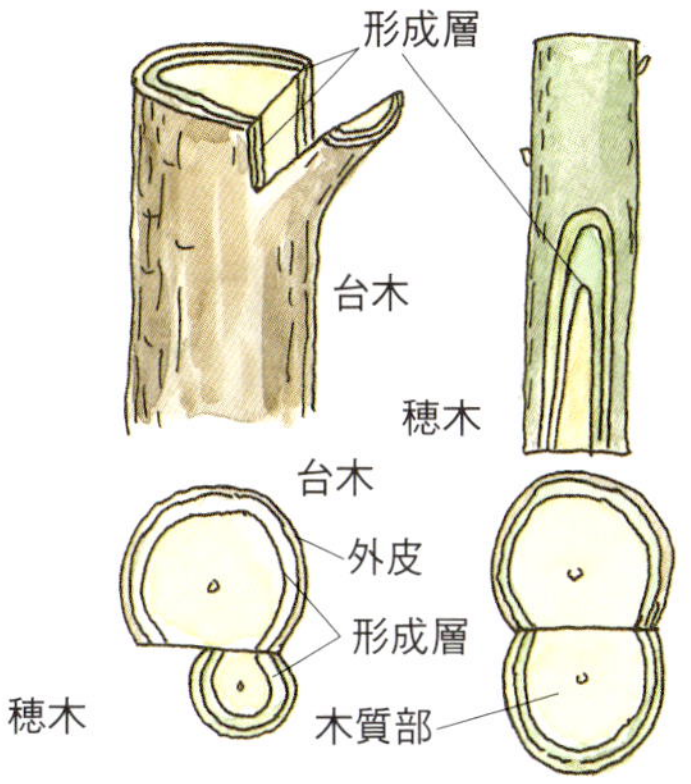

穂木が小さい場合、片側の形成層だけ台木の形成層に合わせる

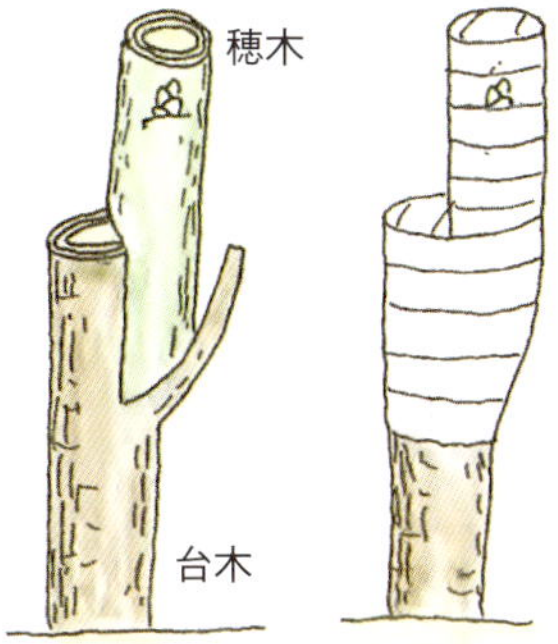

台木の切り込み部分に穂木を挿し込み、伸長性のあるテープで接ぎ木部を覆う

切り接ぎ後、完全に活着する

◆切り接ぎのポイント

①台木の上部をカットする

②台木に切り込みを入れる

③穂木に１刀目を入れる

④穂木に２刀目を入れる

⑤台木に形成層をあわせながら穂木を挿し込む

⑥テープで接ぎ木部、継ぎ木部を覆う

どのように、樹液が出て接げない種類では1～2月が適期です。したがって、接ぎ穂は前もって採取、貯蔵しておきます。

以上の方法は、今日まで普通におこなわれていますが、メデールやパラフィルムなど引っぱると伸びる接ぎ木用テープを用いて、接ぎ穂を覆い、乾燥しないようにしておけば、台木が休眠している冬でも接ぐことができます。

ウメなどの接ぎ木では、とくによくつきます。接ぎ穂の貯蔵の必要はありません。家庭園芸など、小規模の接ぎ木ではおすすめです。

腹接ぎ　台木の側面に接ぐ方法で、初心者でもよくつきます。品種更新のさい、台木になる部分を長く残し、何か所も腹接ぎすれば、それだけ側枝をつくることができます。

◆腹接ぎのポイント

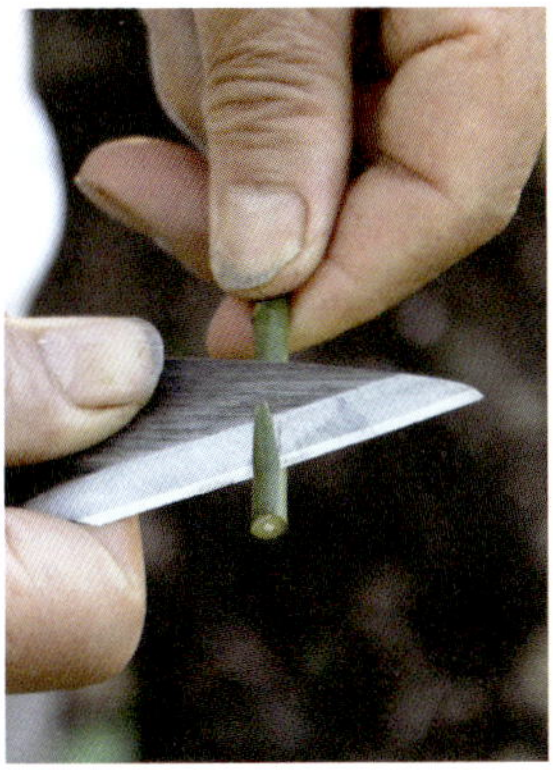

①穂木に１刀目を入れる

②穂木に２刀目を入れ終えた状態

③台木の側面に切り込みを入れる

④台木の切り込み部分に切断した穂木を挿し込む

⑤テープで接ぎ木部を巻き始める

⑥芽だけ出して、接ぎ木部全体をテープで覆う

図18　腹接ぎ

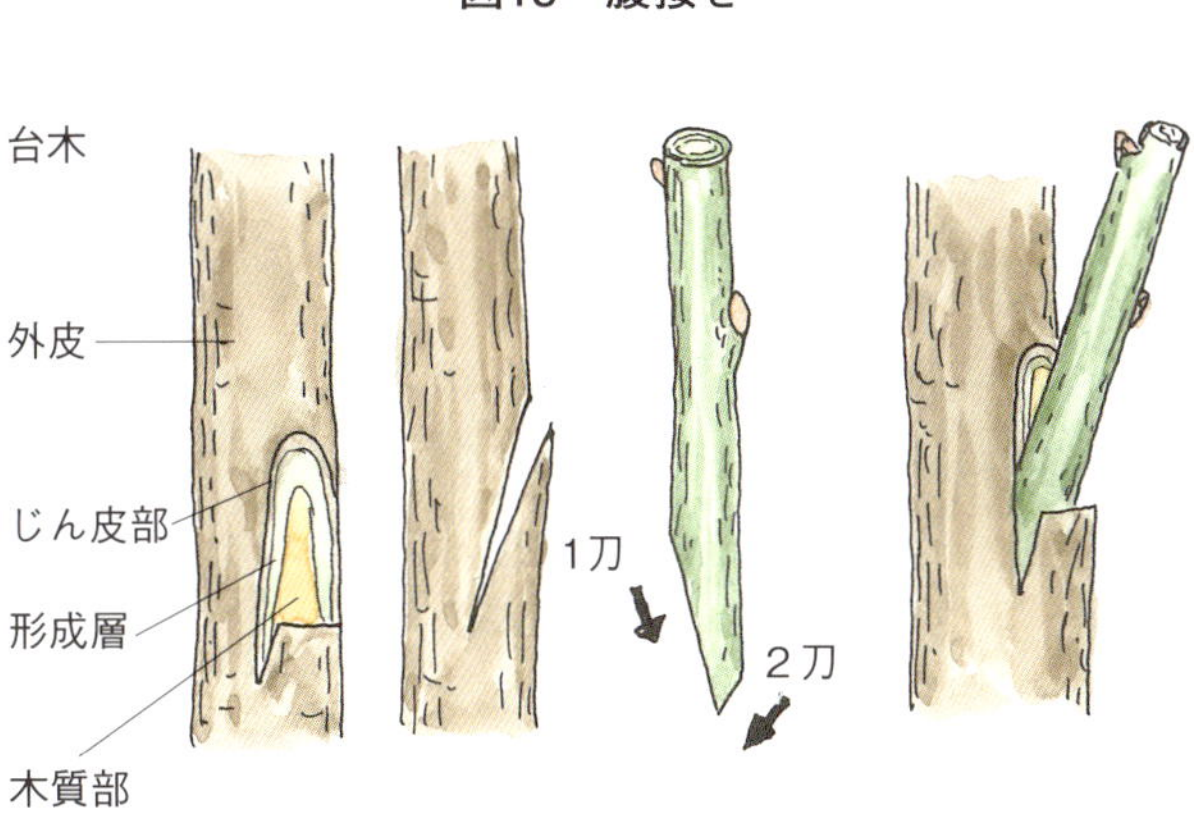

盆栽など側枝が欲しいところに、腹接ぎで側枝を補うことができます。

秋におこなう場合、芽接ぎ同様、台木を切断しないで接ぐので、失敗しても台木を損なうことはありません（図18）。

適期は、春は切り接ぎや剝ぎ接ぎと同じ時期、秋は9月中旬から10月中旬が最適期です。もちろん、接ぎ木用テープを用いて、完璧に接ぎ穂を覆えば長期間おこなえます。

図19　剝ぎ接ぎ

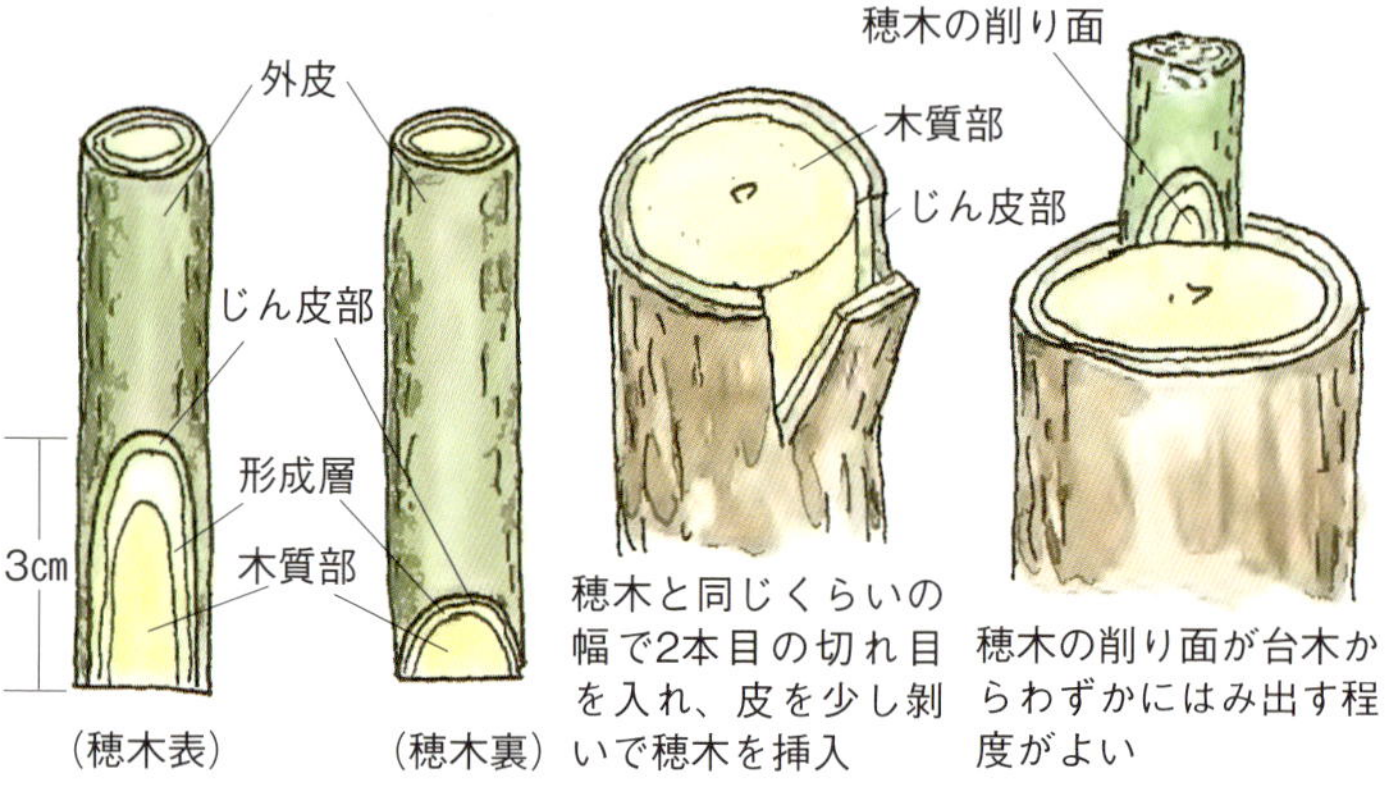

穂木と同じくらいの幅で2本目の切れ目を入れ、皮を少し剝いで穂木を挿入

穂木の削り面が台木からわずかにはみ出す程度がよい

剝ぎ接ぎ　直径が3㎝以上の太い台木に接ぐ場合は、この方法がおすすめです。ただ、ウメの場合、あまり太い台木は、樹皮が剝がれにくいので無理です。

接ぎ穂の幅のぶんだけ、樹皮を剝いで接ぎます。形成層の上に接ぎ穂を置くので、初心者でも非常によく活着します（**図19**）。

適期は樹液がよく流動して、樹皮がよく剝がれる時期です。したがって、台木の芽は発芽伸長している時期です。ウメでは4月上旬、カキでは4月中旬～下旬、柑橘類では、4月下旬～5月上旬ころです。接ぎ穂はかならず貯蔵が必要です。

芽接ぎの方法

芽接ぎは活着しやすく、初心者におすすめの方法です。適期は夏から秋で、活着していれば、春発芽前に台木の上部をカットするので、失敗してもやりなおせます。したがって、台木の損失がありません。芽接ぎには、次の二つの方法があります。

そぎ芽接ぎ　そぎ芽接ぎ（**図20**）の方法は、樹皮が剝がれなくてもできます。これも慣れてくれば、活着率は変わりません。

まず、手順として穂木の芽の上と下からナイフを入れ、剝がします。つぎに台木の上からナイフを入れ、芽と葉柄が顔を出すようにして穂木を挿し込み、芽と葉柄を残して接ぎ木用テープで巻き込みます。

葉柄を出すようにして接ぐと、活着したときに葉柄が自然にとれるので活着の目安になります。

操作も素早くおこなえます。適期

◆そぎ芽接ぎのポイント

①穂木の芽の上に１刀目を入れる

②芽の下にも２刀目を入れ、そぎ取る

③台木の側面に切り込みを入れる

④台木の切り込み部分に穂木を挿し込む

⑤接ぎ木部をテープで巻く

⑥芽と葉柄を残し、全体をテープで覆う

図20　そぎ芽接ぎ

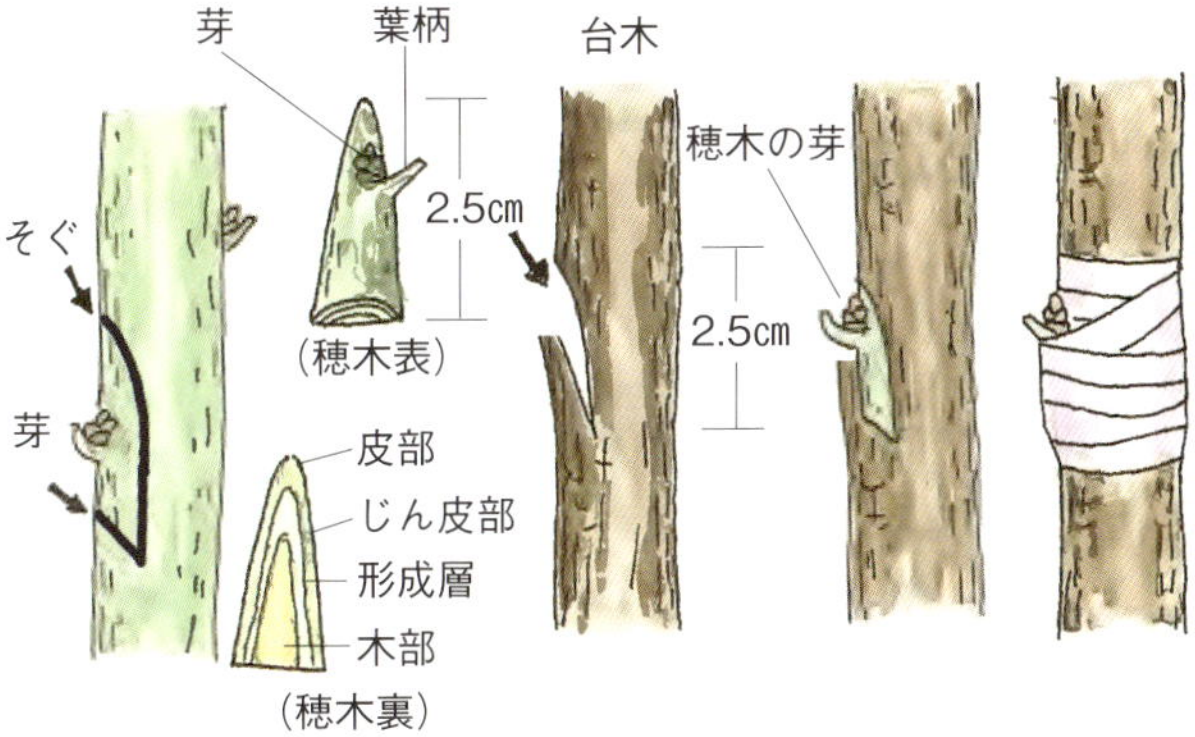

の幅も広く、８月から10月くらいまでおこなえます。

盾芽接ぎ（T字形芽接ぎ）　接ぎ穂にあたる部分は、１芽を葉柄と木質部の一部をつけてそぎ取ります。採った芽の葉柄を持つと「盾」のイメージなので、この名がついています。また、台木はT字に切れ目を入れて樹皮を剝ぐので、T字形芽接ぎともいいます。樹皮を剝いだ部分に接ぎ芽をのせるので、形成層の上に置くことになり、初心者でもよく着くわけです。

　この方法は、樹皮が容易に剝がれる時期でないとできません。適期は多くの樹種で8月中旬~9月中旬です。ウメでは8月上旬~中旬です。遅くなると樹皮が剝がれません。

　また、6~7月は樹皮はよく剝がれますが、早いと接いで間もなく発芽するのでよくありません。

挿し木

　ウメの苗木の多くは、実生台木に接いで養成しており、挿し木による苗木づくりは、一般にはおこなわれていません。

　ただ、盆栽で知られる埼玉県の安《あん》行《ぎょう》一帯（川口市・草加市）では、鉢植え用の苗木をつくる場合、台木に挿し木苗を使っています。

　挿し木苗は根が浅くまとまっているので、根切りの作業などが簡単なのが理由のようです。

　挿し木に向く品種として、野梅性と難波《なにわ》性のウメが、発根がよいとされています。前記の安行では、八重野梅と一重野梅が用いられています。

挿し木の方法

休眠枝挿し　適期は、春の発芽前の3月です。休眠《きゅうみん》枝挿《し》しは、一部の系統を除いては非常に発根が悪くなります。それでも実生苗の基部は、比較的発根がよいので、接ぎ木

2月に台木の上部を切断。4月に芽が伸長(秋の腹接ぎ)

実生苗(左)と挿し木苗。根が浅くまとまっている挿し木苗が鉢植えに適している

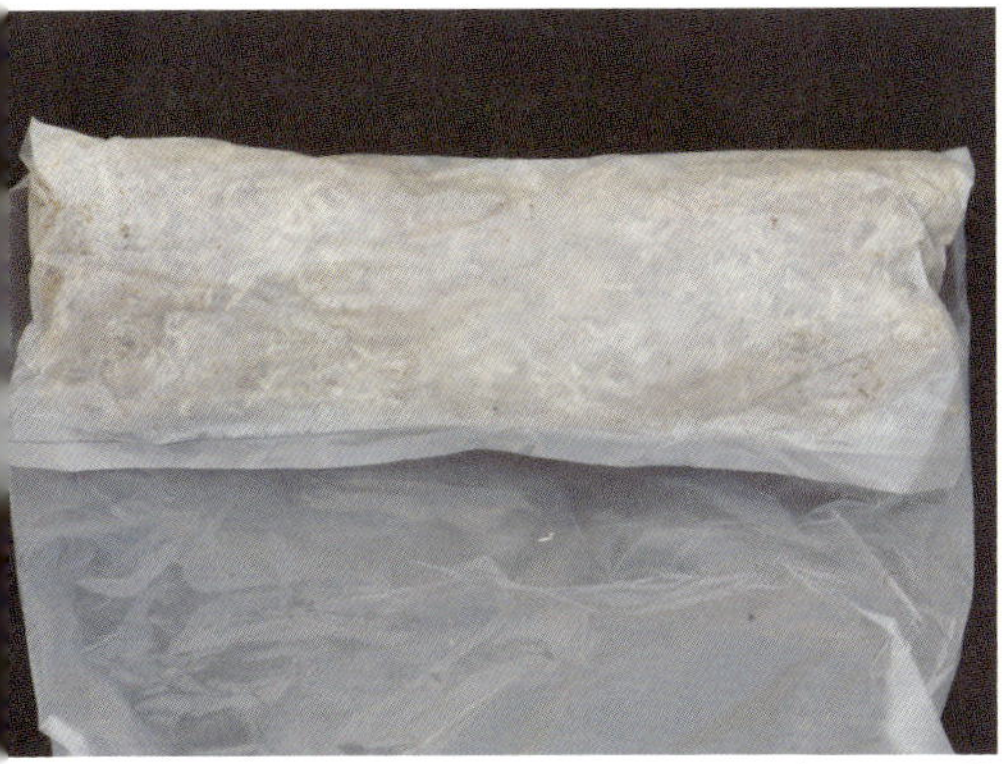

乾かないように水ゴケでくるみ、ポリ袋に入れて物置、穴蔵などの冷暗所で貯蔵する

休眠枝挿しの穂木。長さは15～20㎝

休眠枝挿し。穂木の長さの半分ほど挿し込む。日向で風当たりの強くない場所に置く。土の表面がわずかに乾いたら、たっぷり水を与える

のさい取っておき、挿し木に用いることがあります。

多くは八重野梅や一重野梅が用いられ、多い場合は直接畑に、小規模なら鉢に挿します。えんぴつ大か、少し太めの休眠枝（前年に伸長した1年枝）を、15～20㎝くらいに切ります。その基部を返し切りにし、乾かないように束ねてポリ袋に入れ、冷たい物置などへ入れ、3月になって挿します。

畑への直接挿しは、その年の天候などにより、発根がやや不安定になります。その点、鉢やトレイなどで挿し木用土を用い、水管理などを周到におこなえば、最低でも9割くらいは活着します。

緑枝挿し　緑枝《りょくし》挿しの適期は6月です。春から伸長した新梢のうち、早く伸長が停止し、充実した部分を8～10㎝くらいに切り、葉は2～3枚つけて用います。

用土は、赤玉土の小粒か鹿沼土の小粒に、バーミキュライトを3分の1くらい混ぜたものを用います。発根をよくするためのポイントは、適度な遮光と適度な水やりです。ミストなどの条件を考えれば、かなり発根しますが、できる苗も小さいし、一般にはあまりおこないません。

花ウメの育て方・楽しみ方

花ウメの庭植え

庭植えについては、花ウメも実ウメも育て方に違いはなく、これまで紹介した実ウメの育て方に準じます。実ウメといくらか異なる点は、整枝剪定、肥料、病害虫防除、さらに水やりです。

丘陵一面に各種の花ウメが咲き誇る

まず、肥料については、果実をあまり収穫しない点では、肥料は少なめでよいということです。さらに、病害虫防除については、果実をほとんど利用しないので、果実につく病害虫を、それほど気にしなくてすみます。

図21　花ウメの仕立て方の例

整枝と剪定については、ごく普通の庭木のウメの樹形であれば、実ウメも変わりありませんが、日本庭園として樹形にこだわるのであれば、かなり異なります。そうなれば、剪定も細かい枝の切り詰めになります。

野梅性八重の見驚

参考までに、文人仕立て（文人《ぶんじん》

図22　枝垂れウメの仕立て方

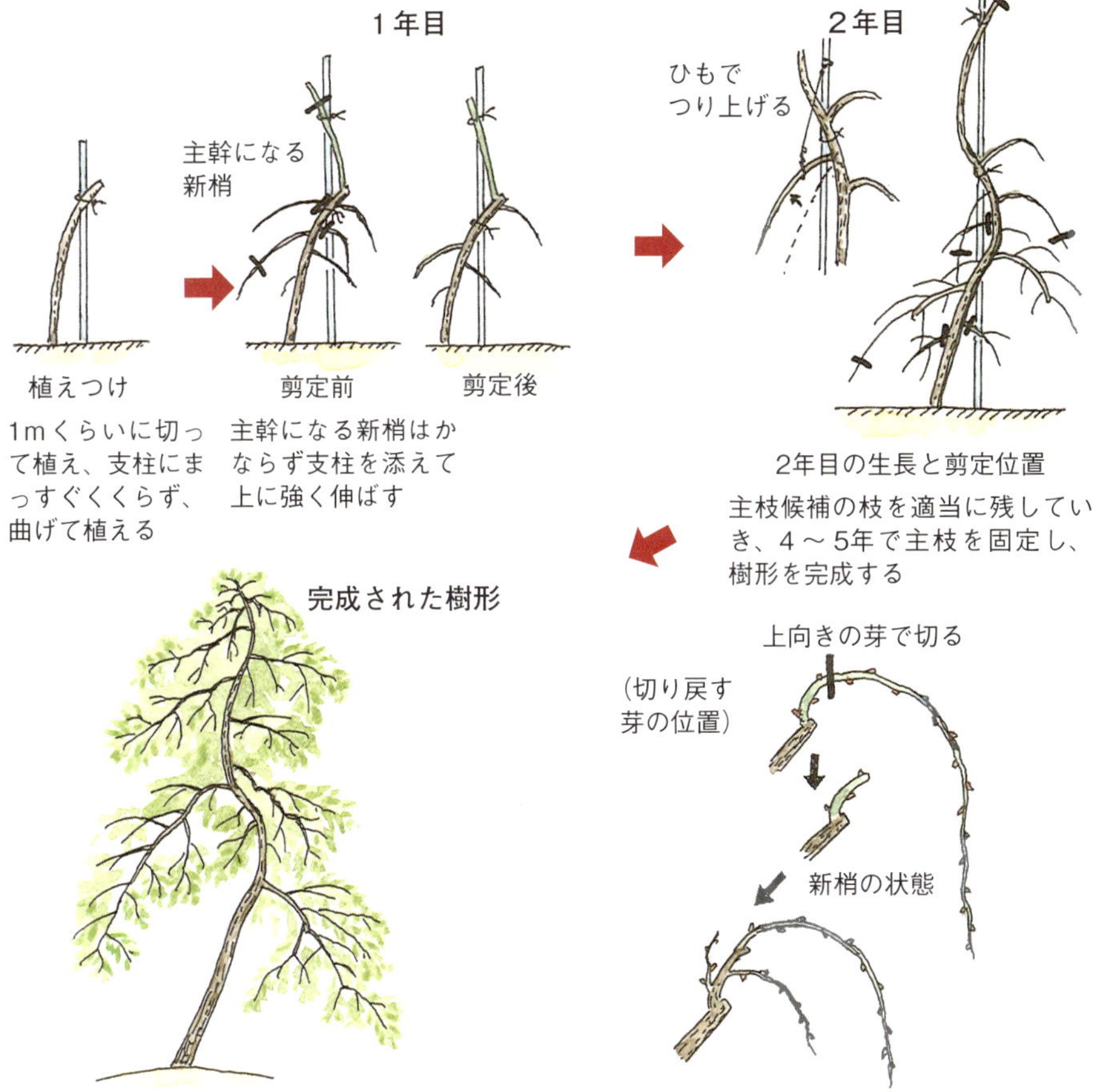

木《ぼく》）と自然仕立て（図21）、枝垂れウメの仕立て（図22）など特殊な樹形をあげておきます。

紅千鳥の開花（東京都文京区・小石川後楽園）

鉢・盆栽の作業カレンダー

鉢植えならば庭先などに比べて場所をとらないので数鉢持つことができ、好みの花ウメを育てて楽しめます。

作業カレンダー

（関東、関西の温暖地を基準）

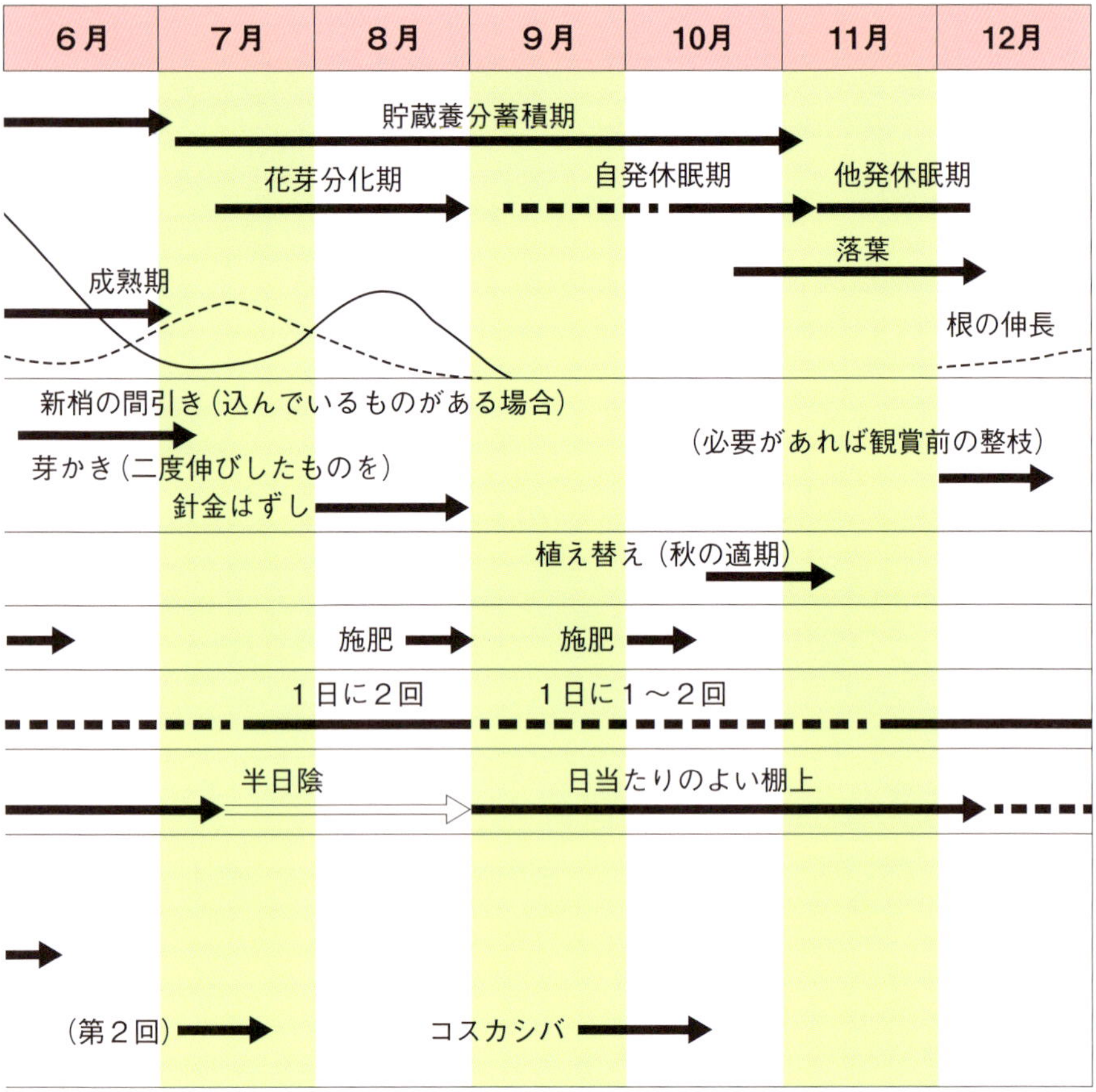

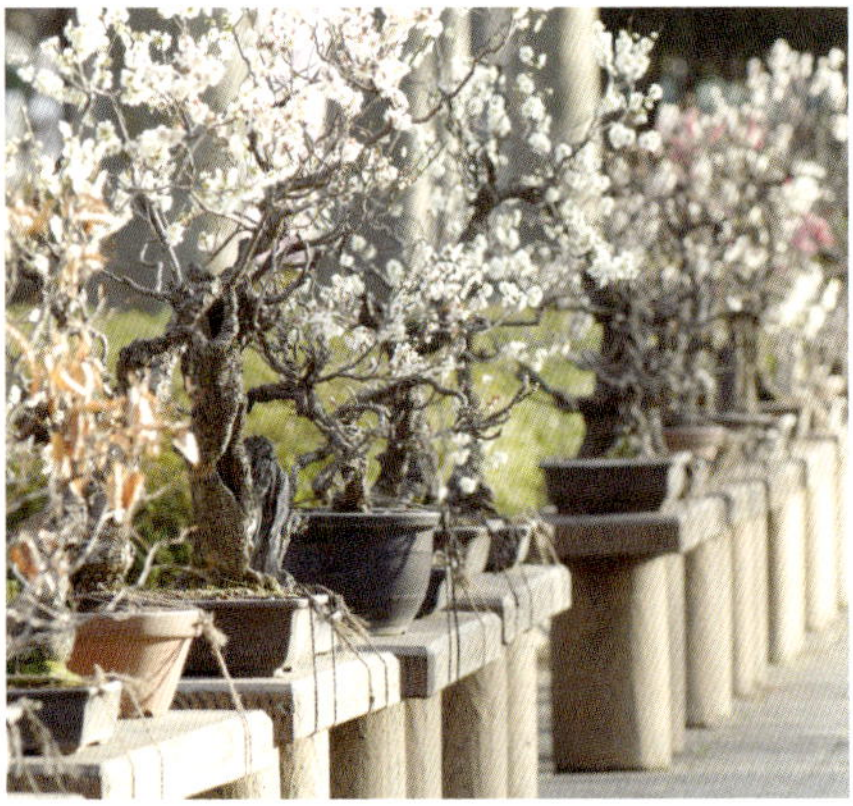
鉢・盆栽は、高さのある台に置くと見栄えがよい（東京都府中市・郷土の森梅まつりの展示コーナー）

ここでまず庭・畑の場合と同様に、鉢・盆栽で育てる場合のウメの生育と作業カレンダーを示します（**表13**）。

花ウメの鉢植え

苗木の選び方

開花時期では、正月に1～2輪ほどほころびるような、早咲き品種を求めましょう。苗木は、立派な盆栽

表13　鉢・盆栽のウメの生育と

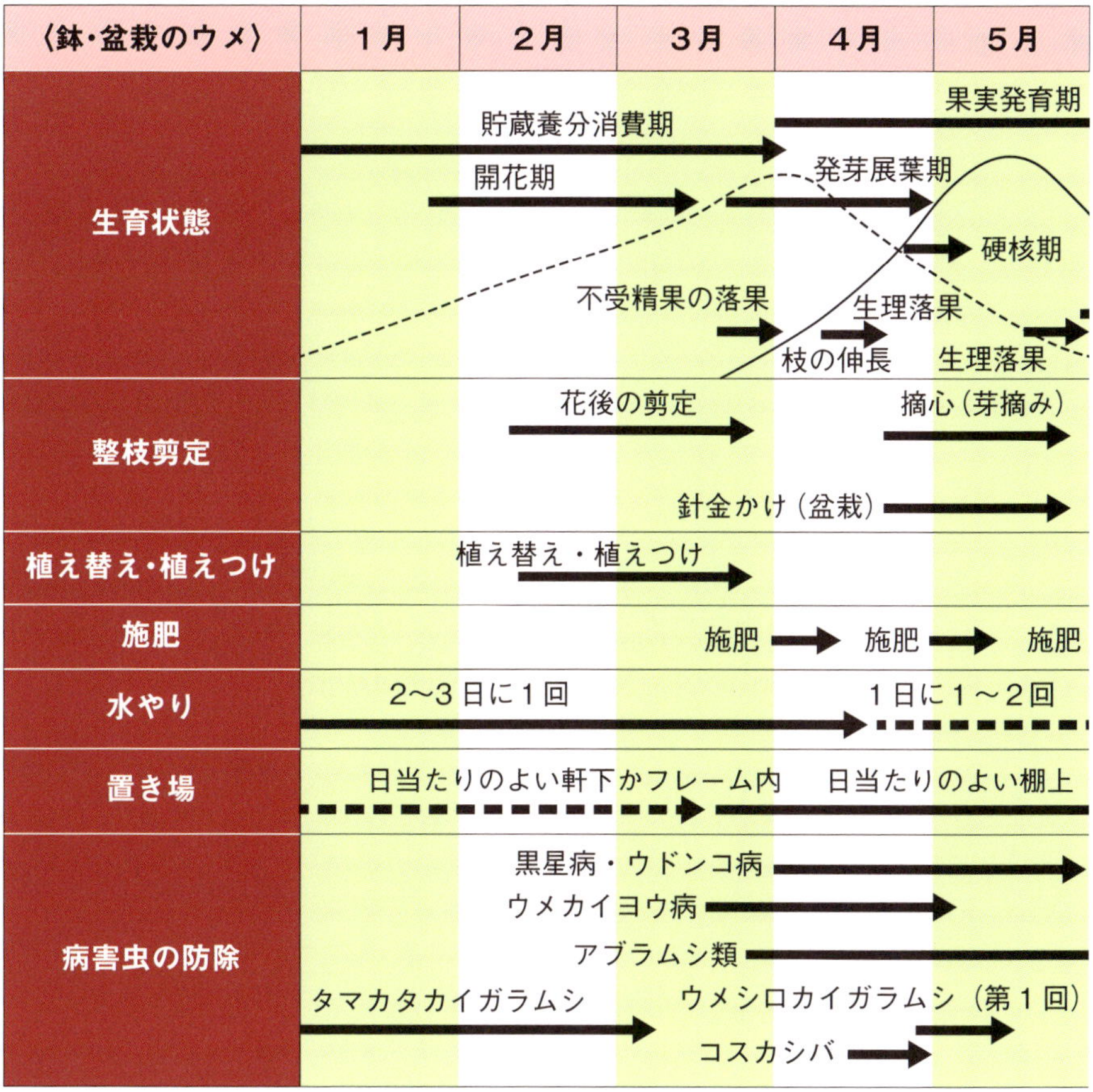

となると、盆栽屋で購入しなければなりませんが、小鉢なら梅祭りなどで入手できます。ただ、品種名については、確かではないものも多いので注意しましょう。

好きな品種を選べばよいわけですが、樹形を大事にする盆栽愛好家の間では、花つきは少なめで、そのぶん葉芽の多い甲州野梅などが好まれています。

植えつけ

適期　鉢植えの苗で、根を切らないで植えるなら、いつでも可能です。植えつけは、植え替え同様、根を切り詰めて植えることが多いので、適期は11月以降、3月下旬ころまでです。ウメは冬季でも根が伸びるので、早くおこなうほど根の再生がすすみます。

植え替えも同じで、盆栽家のなか

には秋におこなう人もいますが、一般には花後におこなうほうが無難であり、また楽です。

鉢　たんに鉢植えのウメを楽しむのなら、鉢にこだわる必要はありません。盆栽という意識で考えるなら、奥は深いです。盆栽では、仕立て中のものは駄温《だおん》の浅鉢、それも生育を考えて、やや大きめのものを用いますが、樹姿が整ってきたら、その木ぶりに合った本鉢（飾り鉢）を選びます。まず、色、形、大きさ、深さなどが樹と調和するもので、樹の大きさに対していくらか小さめの鉢を選びます。なかなかむずかしいのですが、鉢映り（樹と鉢の組み合わせの相性）が重要になってきます。

用土　用土は、ごく一般には赤玉土の小粒に、腐葉土を2割程度、混合したものが多く用いられています。しかし、盆栽家の間では、さらに砂や黒土を混ぜるなど、いろいろな用土が用いられています。

実際に例をあげれば、赤玉土4：腐葉土2、砂2：黒玉土2、赤玉土5：黒玉土3：桐生砂2、赤玉土5：腐葉土3：桐生砂2などで、腐葉土を用いない例もあります。

以上に限らず、それぞれの地方で適当な用土があれば、使ってみるのもよいでしょう。用土の必須条件は、排水と水持ち（保水）、肥持ちです。水をやり過ぎる人は、排水のよい用土を、小盆栽では水持ちを考えて、やや細かい用土を用いるのがよいでしょう。

手順　植えつけ方のポイントを図で示します（**図23**）。植え替え時の植えつけも同様なので、植え替えの

図23　鉢への植えつけ方

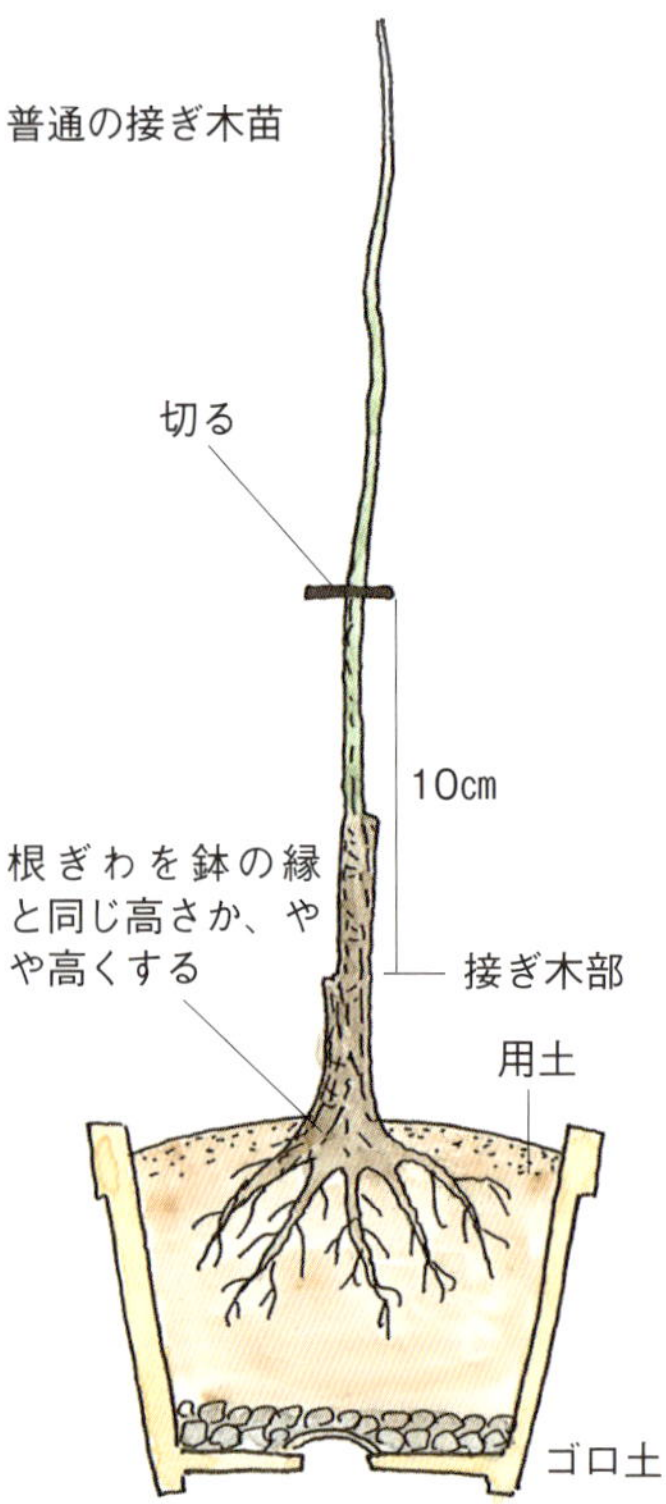

注：細根が多い場合は太根を切り詰め、少ない場合は切らないようにする

赤玉土（小粒）

腐葉土

項（90頁）も参照願います。

鉢植えの置き場

風通しがよく、日当たりのよい、夏は西日が強くない場所が理想です。落葉後、開花前までは、凍りつかないかぎり、日陰でも大丈夫です。数鉢なら季節により、よい場所に移動できますが、たくさんある場合はそうはいきません。

夏場は適度に遮光します。とはいえ、程度問題で、遮光し過ぎると花着きが悪くなります。一方、冬場は鉢土が凍るような小鉢は、フレームなどに入れて、朝夕開け閉めしなければなりません。少数であれば、軒下などへ置くだけでも結構です。

なお、置き場は、地面に直接置くよりも、40～50㎝以上高くなるように台を設け、その上に置くのが理想です。

整枝剪定の時期と手順

樹形

鉢に植えて、たんに花や実を楽しむ程度なら、樹形にこだわる必要はありません。鉢の大きさに応じて、樹がコンパクトに収まっていれば結構です。

しかし、盆栽となると、盆栽は芸術作品といわれるように、幾百年の風雪に耐えて、生きているような風格が必要になります。枝幹に古さを表現した樹形になります。

花前の剪定　鉢植えでは、花の観賞上、不都合な枝があれば切る程度で、花前は剪定をしません。

花後の剪定　花が終わりしだい剪定をしますが、慣れないと花芽と花柄の跡との区別がつきにくい場合があります。その点、花後、しかも葉芽が発芽しはじめたときだと、はっ

◆鉢植えのウメの剪定

剪定前。枝が込み始めている

花後の剪定で個々の枝を切り詰める

剪定で樹形を整える

きり区別できるので楽です。
　剪定の手順としては、大きいところから、まず、樹形の構成がよいかどうかを見ます。枝を誘引して寝かせたり、向きを修正したりします。それから個々の枝の切り詰めをおこないます。葉芽を1〜3芽くらい残して切ります。その場合、樹冠の外側の枝は、外向きの芽で切るようにします。

針金かけ　盆栽では枝の向きや角度を調整したいときに、針金を用いると自在に調節できます（**図24**）。しかし、普通の鉢植えで、ウメを観賞するだけの場合は必要ありません。

摘心（芽摘み）　鉢植えでは、長く伸びる新芽は、かならず摘心をおこなって、コンパクトに収めます。ごく普通の鉢植えでは、10cm以上伸びそうな新芽を摘心しますが、きちっとした盆栽では、5〜8cmに収まるよう短く詰めます。

芽かき　芽かきは春、発芽時に幹から出た不要な芽をかき取りますが、摘心後に伸びた芽（いわゆる二度伸びしたもの）もかき取るようにします。

図24　針金のかけ方

枝ぶり、幹の状態などを見て樹形の構成を考え、まず主幹の下枝から上枝へと針金をかけ、さらに太い枝から細い枝へとかけていく

針金をかける前　　針金をかけた後

◆鉢植えのウメの摘心

①新芽が長く伸びている

②摘心後の状態

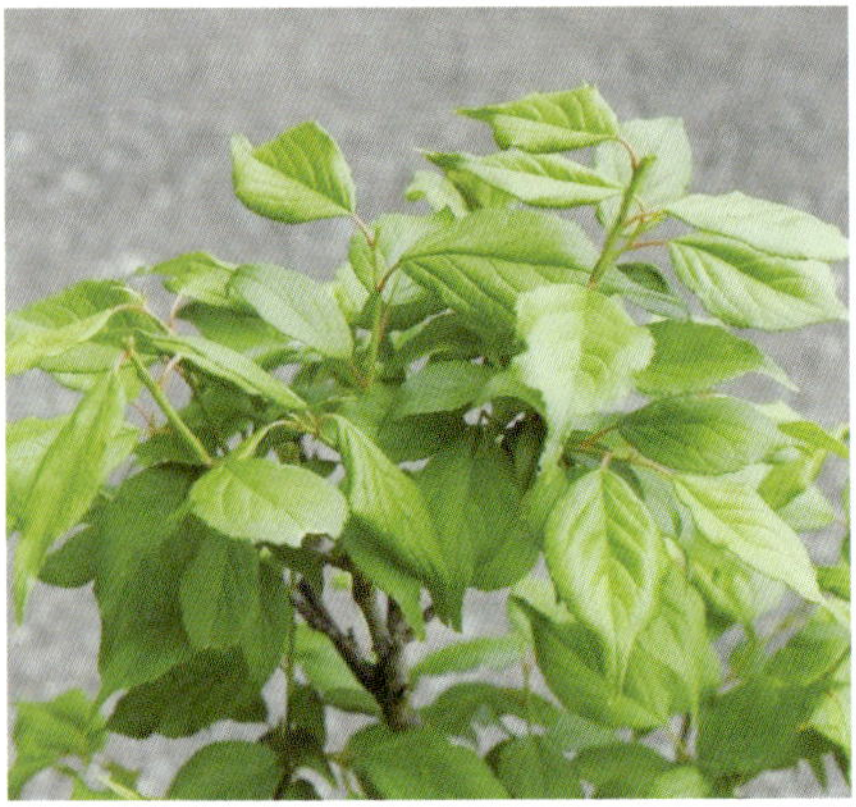

摘心によって樹形をコンパクトにまとめる

図25　玉肥のつくり方

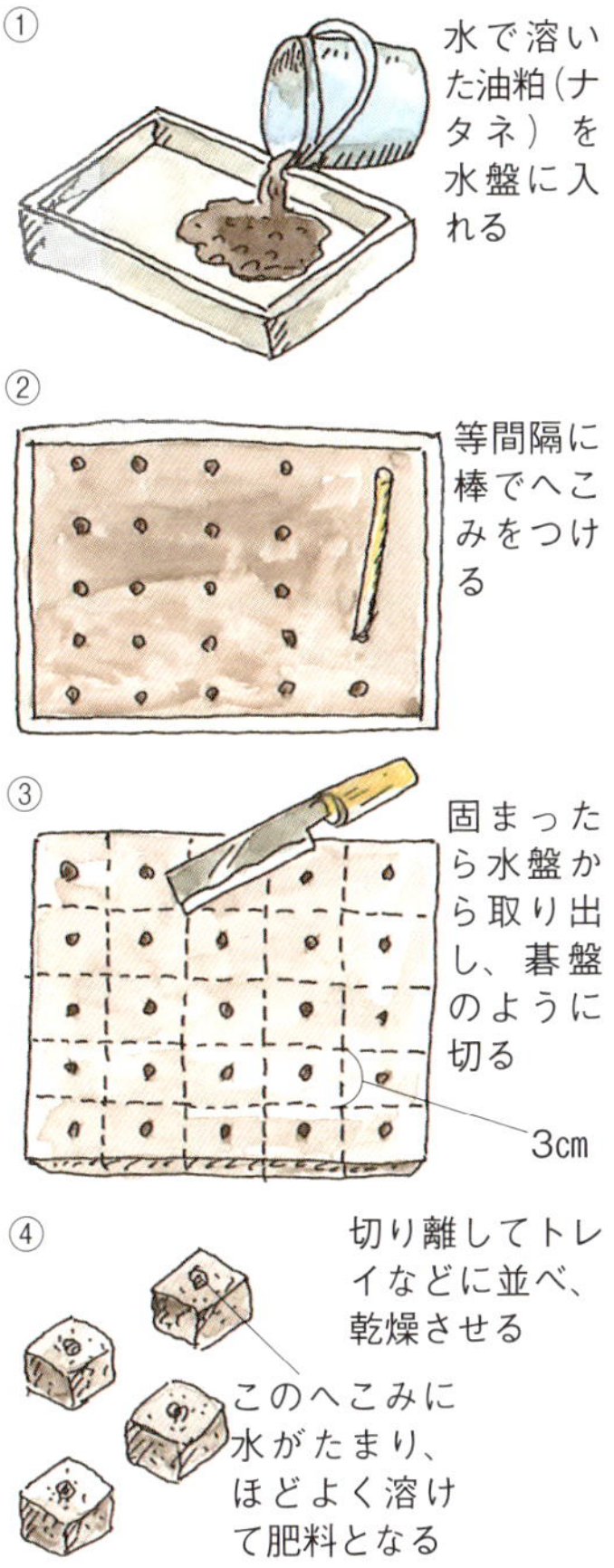
①
水で溶いた油粕（ナタネ）を水盤に入れる
②
等間隔に棒でへこみをつける
③
固まったら水盤から取り出し、碁盤のように切る
3㎝
④
切り離してトレイなどに並べ、乾燥させる
このへこみに水がたまり、ほどよく溶けて肥料となる

置き肥。固形肥料は間隔をあけて置く

鉢植えの施肥

地植えと異なり、鉢内の狭いスペースに根が伸びているので、水とともに肥料の過不足は、すぐに影響があらわれます。不足すると、生育が悪いばかりでなく、花芽がつきにくくなります。多過ぎると（とくに窒素）、二度伸びしやすくなり、程度によっては花芽もつきにくくなります。

鉢植えの施肥のポイントは、いくらか二度伸びするくらい与え、二度伸びを放置せず、小さいうちにかき取ります。

肥料の種類

肥料の種類は、従来、盆栽家の間では、ナタネ油粕や米糠などを中心に配合した玉肥《たまごえ》など自作の固形肥料が用いられていました（**図25**）。しかし、今日では市販の固形肥料や盆栽専用肥料、尿素入りＩＢ化成などを使うほうが多いようです。ＩＢ化成は、緩効性の化学肥料で、溶解の早い一般の化成肥料とは異なります。

一般の化成肥料は、よほど心得のある人以外は、鉢植えには用いないほうが無難です。また、液体肥料もありますが、応急的に使う以外は用いません。施し方は、玉肥の小粒やＩＢ化成では鉢全体にばらまきますが、大粒の固形肥料の場合は鉢の大きさにもよりますが、2～4か所にかためて置きます（**図26**）。次回の施肥では、場所を変えるようにします。

施肥の時期と回数

施肥の時期と回数は、人により、用いる肥料の種類などでかなり異なります。ここでは標準的と思われる1例をあげておきましょう。

図26　鉢植えの施肥

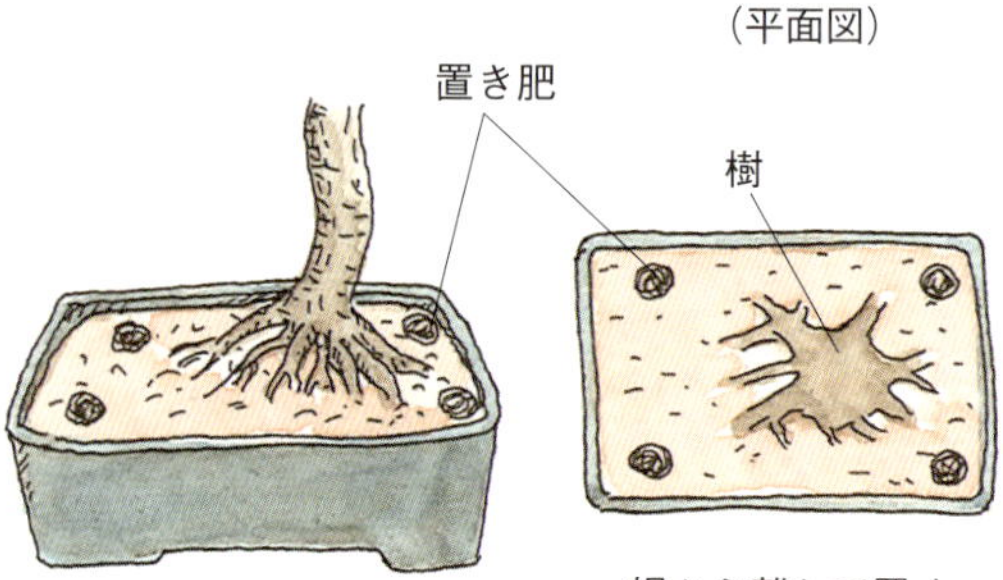

4月上旬、5月上旬、5月下旬、8月下旬、10月上旬に各1回ずつ、いずれかの固形肥料を与えます。あるいは、4月と8月の2回はＩＢ化成を与え、あとの3回はナタネ油粕を与えます。

ナタネ油粕は窒素に偏っているので、ＩＢ化成で補う意味です。固形肥料には窒素が多く、リン酸、カリの少ないものが多いのですが、かならずしも窒素と同じである必要はありません（**表14**）。なお、固形肥料、ＩＢ化成ともに最初の肥効が遅いので、4月の施肥では、同時に液体肥料を与えるとよいでしょう。

表14　鉢植え向き肥料の3要素含有率

		窒素	リン酸	カリ
固形肥料	A	% 5.0	% 5.0	% 5.0
	B	10.0	3.0	6.0
	C	6.0	4.0	3.0
	D	6.0	5.0	2.0
IB化成		10.0	10.0	10.0
ナタネ油粕		5.0	2.0	1.0
米ぬか		2.6	5.0	1.8

施肥量の目安

施肥量は鉢の大きさ、樹の大きさ、樹齢、用土の種類などで異なり、一概にはいえませんが、一度に

表15　鉢植え・盆栽に対する１回の施肥量の目安

鉢の号数	直径	IB化成	ナタネ油粕	固形肥料
4	12㎝	3.3ｇ（5～6粒）	5～6ｇ	5～6ｇ
5	15	6.6（10～12）	10～12	10～12
6	18	9.9（15～18）	15～18	15～18
7	21	13.2（20～24）	20～24	20～24
8	24	16.5（25～30）	25～30	25～30
9	27	19.8（30～36）	30～36	30～36
10	30	23.1（35～42）	35～42	35～42

注：IB化成大粒NPK＝10：10：10　（N=窒素、P＝リン酸、K＝カリ）
ナタネ油粕NPK＝5.0：2.0：1.0
固形肥料NPK＝5.0～6.0:5.0～3.0:5.0～2.0くらいのもの

与える量としては、10号鉢（直径30cm）で、IB化成なら20g、固形肥料では30gが目安です（**表15**）。

大事なのは、葉の色など、樹の状態を見て養分の過不足がわかるようになることです。

とくに、窒素肥料が不足すると、葉全体の色が淡くなります。多いと緑が濃くなります。また、葉脈に沿って黄色みをおびる（マグネシウム欠乏）、脈間が黄色みをおびる（マンガン欠乏）など、いろいろ葉にあらわれるので、養分の知識と日ごろの観察、経験が大事です。

鉢土の表面の乾き具合を見て、水やりのタイミングをはかるようにする

水やり（灌水）

水やりのタイミング

理想的な水やりは、鉢土の表面が白く乾いたら（まだ葉は萎《しお》れていない）、鉢底から少し出る程度にたっぷり与えるのが原則です。湿った状態で絶えず与えると、鉢土内の空気が不足し、根張りが悪くなります。

水やりの時間帯は日中、とくに午前がよいとされる。夕方はたっぷり与えない

水やりの回数は、1日何回と決めるわけにはいきません。当然、鉢の大きさ、同じ大きさでも育っている木の大きさ、鉢の材質、用土の種類、季節、天気と風などで異なります。小盆栽などは、夏場は1日3回は必要です。

水やりの時間帯は、午前がよいと耳にすることがありますが、一概にいえません。乾き具合で与えます。ただ、夜はほとんど乾かないので、いくらか乾きぎみにします。夕方になってたっぷり与えないようにします。かりに夕方乾いていても、少し与えて、夜は乾きぎみにします。雨がつづく場合は、軒下などで雨を避けるに越したことはありません。

鉢ウメの黄葉（11月）

水の質については、水道の水の塩素の関係から、汲み置き水がよいといわれますが、実際はそれほど問題にしなくても大丈夫です。井戸水が使えれば、そのほうが無難ですが、場所によっては、塩分などが多い場合もあります。

水やりの方法

水やりの方法には、鉢土にのみ与える場合と、樹全体に散水する場合とがあります。小盆栽などは、一鉢ずつていねいにはやれないので、樹全体に散水します。ある程度の大きい鉢では、1鉢ずつ株元に与えるほうが、与える量もはっきりわかるので、このほうが適切です。ただ、ウメは葉水《はみず》にもよく耐え、ときにハダニが発生することもあるので、夏場はときに葉水を与えます。

留守をするときの水やりは、鉢植えを育てる場合、誰かが家にいて、いつでも水やりができるのが理想ですが、そうはいかない場合があります。夏でも半日か1日くらい留守なら、出かけるときに湿っていても、たっぷり与え、時間が長い場合は、乾きにくい木陰などに置くようにすれば、何とかしのげます。

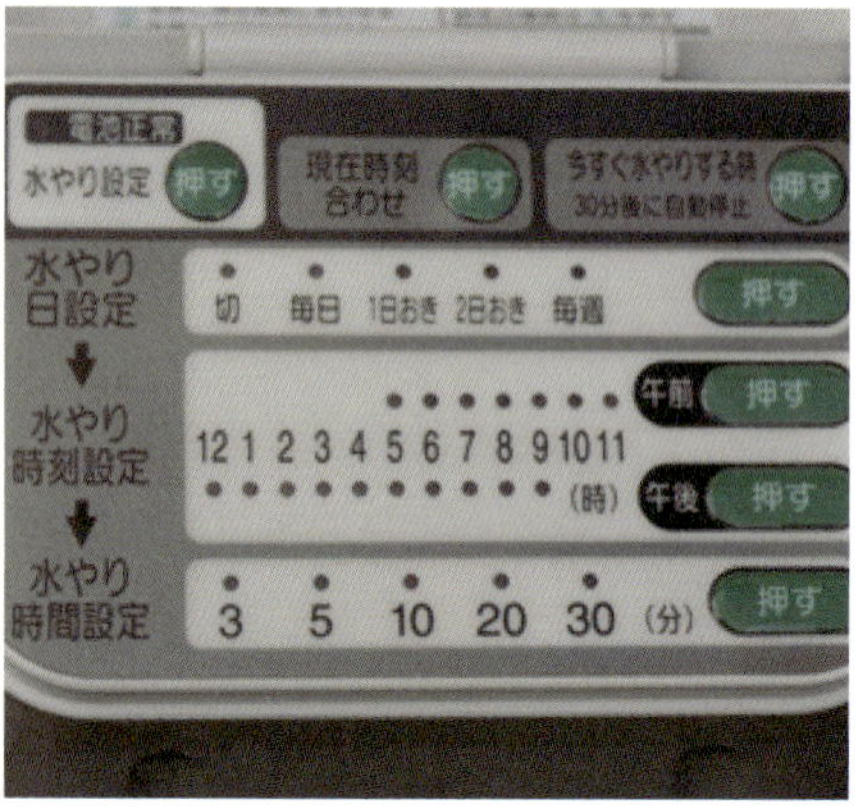

自動灌水装置のコントロールパネル

自動灌水装置

夏場、2日以上留守をするような場合は、自動灌水をおすすめします。近年は装置も安価になりました。当然、タイマーでやりたい時間と回数がセットされます。

安易にいつも自動灌水にたよるのはおすすめできませんが、事情によってはやむをえません。人の手で、1鉢ずつ観察しながら灌水するのが、もっとも確実な灌水法であることには変わりありません。

自動灌水装置にも、いろいろなタイプがあります。一つは鉢土にセンサーを挿しこんでおき、乾燥度合いにより灌水するというものです。これは鉢栽培農家のように、同じ大きさの鉢に、同じ大きさに育った植物が並んでいるような場合でないと無理です。

もう一つは、上記のタイマー方式です。鉢の大きさや樹の大きさによる乾き具合の違いは、鉢に設置するノズルの数で調節します。

鉢植えの病害虫防除

ウメの病害虫については、庭植えの病害虫を参考にしていただければよいのですが、ここでは、鉢植えとしての注意点をあげておきます。

鉢植えのウメは夏季の乾燥により、葉が巻いた状態になることがある

鉢植えは、鉢という狭いスペースで生育しているので、とくに根が地温や養水分の過不足の影響を受けやすく、そのことが、樹勢にそく影響し、病気にかかりやすくなります。また、鉢植えは小枝に対して幹の割合が大きく、古い幹ほど枝幹病害も多いので、地植えよりも細かい配慮が必要です。

したがって病気は出なくても、ベンレート水和剤やオーソサイド水和剤80などの汎用殺菌剤を年に数回散布するようにします。

樹全体に散水して生育した盆栽のウメ

また、鉢植えではコガネムシの幼虫が根を食害するので、9~10月にかけてダイアジノン粒剤を用いて駆除します。

開花と観賞、花柄摘み

観賞　鉢花の観賞は、花が寒気で傷むようなことがなければ、戸外のほうがウメらしい花をゆっくり楽しめます。けっして、暖房した室内には入れないことです。入れても暖房のない冷えた玄関までにしておきましょう。

戸外に出して少し傷むなら、軒下など直接冷気のかからない、観賞によい場所をつくります。とくに小盆栽は、工夫が必要です。

花柄摘み　美しい花を観賞するに

◆花柄摘みのポイント

①終わった花（大盃）が残っている

②下から上へしごくようにして取る

③芽を傷めることなく取り終える

は、終わった花は早めに除きます。指先でつまめば簡単にとれます。いつまでもそのままにしておくと、果実が肥大してくるので、むだに養分を消費することになります。鉢植えでは果実をつけると、樹が弱るのでできるだけつけないようにします。

どうしても結果させたい場合、樹勢を見て、樹の大きさにもよりますが、見栄えのする位置に、2〜3個つける程度にとどめます。

鉢植えの植え替え

目的　根詰まりを防ぎ、生育をよくすることです。鉢を大きくする場合と、同じ鉢を維持する場合とがあります。

適期　時期は秋と花後がありますが、花後のほうが無難です（植えつけ適期の項参照）。

手順　鉢から抜き、根鉢を崩します。できれば、根の間の古土をていねいに除き、根は根鉢の直径の3分の1は切り詰めます。

植えつけにあたっては、樹が風で倒れないように、鉢裏から針金を回し、根を固定します（**図27**）。

そして、新しい用土を入れていきます。やや、中高になるように植えるのがコツです。隙間ができないよ

直根を切った状態

鉢から抜き、根を切り詰める

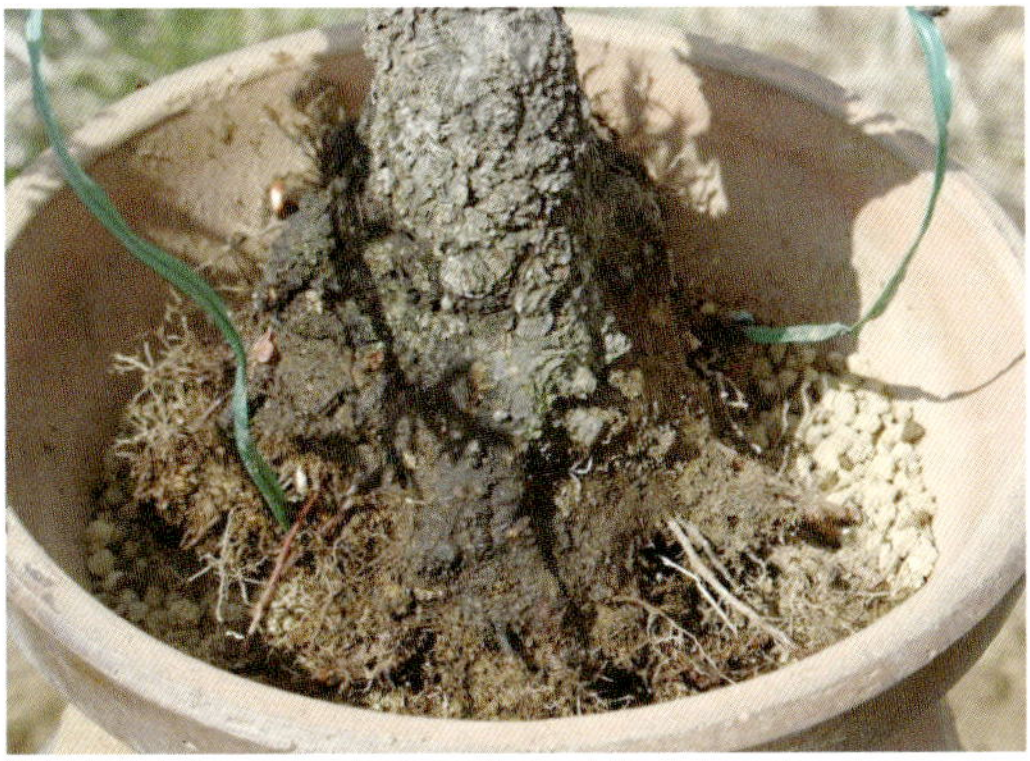
風で倒れないようにするため、鉢底の下と鉢の表面を針金や被覆線で結んで固定する

うに、木切れでよくついて根をなじませます。終わったら十分に水を与えます。

防寒、台風対策

防寒対策 鉢土の表面が、わずかに凍る程度なら問題ありませんが、鉢全体が硬く凍るようなら、対策が必要です。とくに小鉢では、フレームなどの囲いをつくり、この中に鉢を入れ、夜は覆いをしておく必要があります。

地域によっては、ビニールハウスなどに入れ、鉢土が凍らない程度に管理します。日中の温度が上がらないように管理します。なお、ほとん

図27 風で倒れないようにするための工夫例

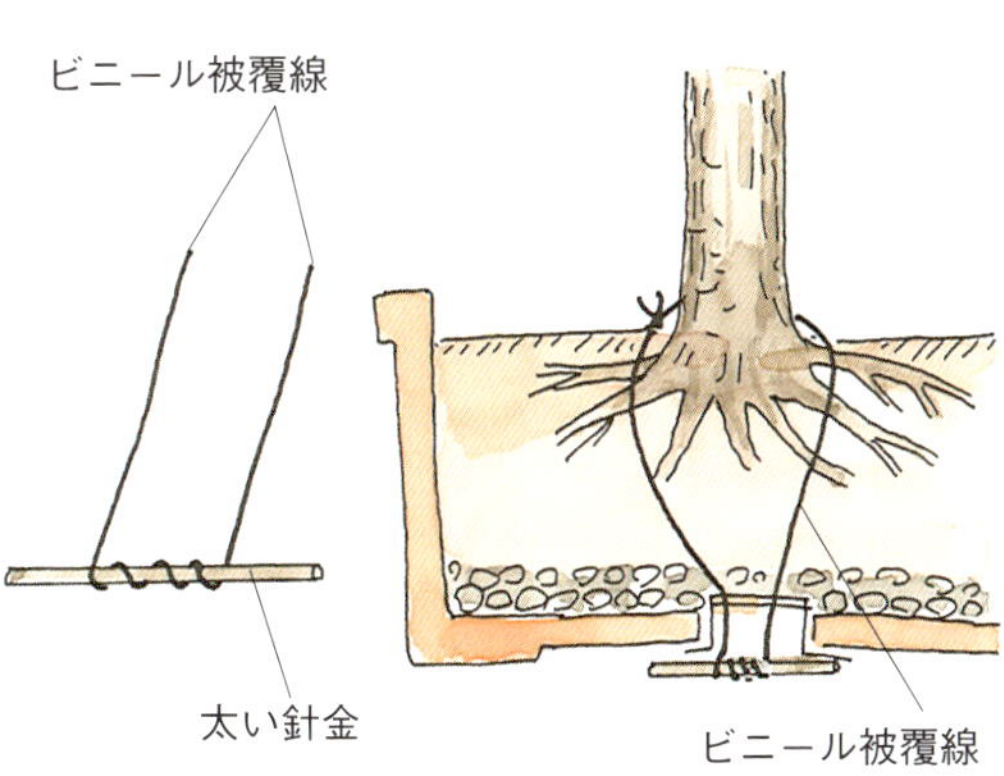

ど雪の降らない地方で、積雪が予想されるときは対策が必要です。

台風対策　盆栽棚などに置いている場合は、落下しないように、棚から降ろし、強風が避けられる場所に移動します。

松竹梅の寄せ植え

鉢植えを、そのまま観賞するのも悪くはありませんが、ウメを中心に、正月らしく飾るのが、松竹梅の寄せ植えです。地域や業者によっていろいろな流儀があります。

ウメを中心に寒菊、ヤブコウジ、チゴザサなどを添え、正月らしく仕立てた寄せ植え

一つ目はウメを中心に根締めとして小さく、マツ、福寿草、コクマササ（ヒメシノ）、寒菊、コケなどを目立ち過ぎないようにあしらうものがあります。

二つ目は、ウメを中心にマツ、南天、笹、寒菊、福寿草、場合によっては、鶴などの細工物をあしらうなどいろいろです。

寄せ植えの材料

ウメ　市販の鉢植え、または自分で育てたもの。品種は早咲きの冬至、八重野梅、八重寒紅、大盃などがよいでしょう。

マツ　五葉松、あるいは黒松を小さくつくったもの。

笹　竹の代わりに用いるもので、コクマササがよいが、チゴザサなどの代用品もあります。

福寿草　市販のものを求めます。開花を早めるには、鉢に植えてジベレリン（10ＰＰｍくらいの濃度）を散布して、約15℃のところへ置きます。

寒菊　昔から、黄色の小寒菊が使われます。暮れになると、市販のものがあります。

自分でつくる場合は、9月下旬から10月にかけ挿し芽をし、挿し床のままで、ほとんど肥料もやらず、葉が紅葉するくらいつくると風情があります。

南天　時期になると、色づいたものが市販されています。

ヤブコウジ　赤い色どりを添えます。軸が長ければ、巻いて短く収めます。

コケ　盆栽鉢にはえる種類のコケ

は、周囲から集められるので、それを用います。

鉢　角、丸など好みの盆栽鉢を用います。

化粧砂　正月らしく白いものを用いる人も多いのですが、好みで普通の砂を使う人もあります。

寄せ植えの方法

花が終わったら、そのままにせず、ウメが発芽する3月下旬ころまでに、分けて植えます。

まず、ウメは植え替えの要領で、別の鉢に植えます。ただ、市販の寄せ植え用のウメの鉢植えでは、芽ぬけが多く、1年では元のような樹形にはなりません。ウメ以外のものも、もう一度使えるように育てるのは大変ですが、マツや笹などは切り詰めて植え直します。

あると便利な道具と資材

便利な道具、資材の主なものをいくつかあげておきます（図28）。

〈剪定関係〉

図28　必要な道具の例

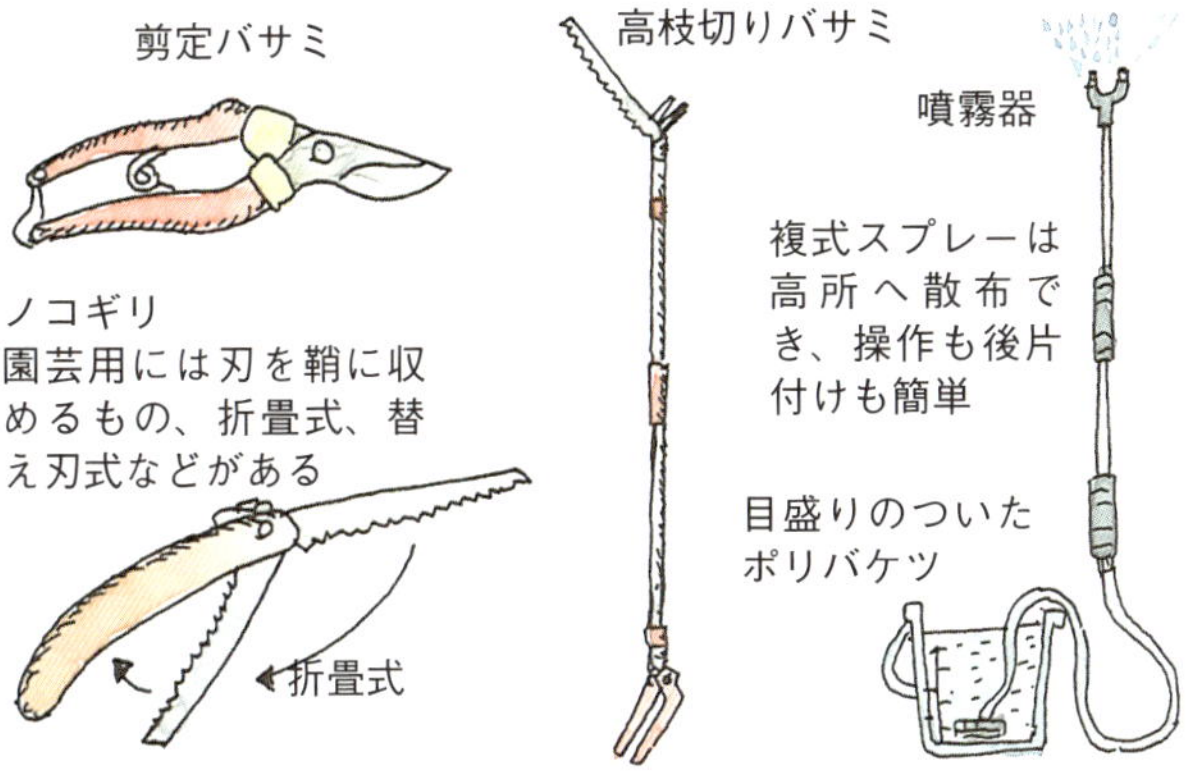

剪定バサミ　果樹等の剪定にはハサミが使いやすいです。刃渡りは大きいものより、普通の大きさが便利です。使い終わったら、さびないように刃についた木のアクを水洗いして取り除き、乾かしてから油などを薄く塗って拭いたりしてメンテナンスをしておきましょう。

芽摘みバサミ　芽摘みはもちろん、小枝を切るときなどの作業が楽です。ミカンなどの収穫バサミを芽摘み用に使うこともできます。かならずしも盆栽用の高価なものでなくてもかまいません。

高枝切りバサミ　脚立などを使わずに高い枝を切ることができます。

剪定ノコギリ　太い枝などを切断

◆道具・資材の例

接ぎ木用テープ

芽摘みバサミ（上）と剪定バサミ

盆栽用針金

剪定ノコギリ

砥石

するときのノコギリです。

〈**防除関係**〉

噴霧器　複式スプレーなど高いところにも散布できる噴霧器が、使いやすいでしょう。

計量器具　1gまで計量できる秤と1ℓ用のマスが便利。

〈**接ぎ木関係**〉

ナイフ　接ぎ木専用切り出しナイフが必要です。

接ぎ木用テープ　伸びるタイプの製品を使用します。

〈**授粉関係**〉

綿棒　羽毛製綿棒か小筆。

〈**盆栽関係**〉

盆栽道具セット　市販品。

針金　盆栽用のアルミ製、またはステンレス製の針金。

〈**その他**〉

脚立　軽くて丈夫なもの、土に潜らないような脚のものを選びます。

砥石　普通の砥石、仕上げ砥石、ハサミ用砥石など。剪定バサミなどの切れ味が悪くなったら使います。

第３章

ウメの加工食と上手な利用法

丹精込めてつくった赤ウメ干し

ウメ暦と「ウメ仕事」

ウメの収穫時期

ウメの収穫は6月が中心ですが、一足早く5月から小ウメの収穫が始まります。収穫時期は場所や品種の違い、その年の果実の発育期の気象条件によっても違います。同じ樹でも収穫時期に違いがあります。用途に応じて収穫します（**表16**）。

主な「ウメ仕事」

5月上旬～中旬　カリカリ漬け用の小ウメが収穫できる。

5月中旬～下旬　ウメ干し用の小ウメが収穫できる。

6月上旬～　ウメ酒用の普通ウメが収穫できる。

早い品種ではウメ干し用の普通ウメが収穫できる。

ウメ干しの漬け込みが始まる。

6月下旬～　ウメ干し用の晩生品種の収穫ができる。

シソも収穫できるようになる。シソは別に漬けるのがよい。

7月中旬～下旬　ウメの土用干しの季節を迎える。

1個ずつ傷をつけないように収穫する

表16　ウメ暦

5月	上旬	
	中旬	（小ウメの収穫が始まる） 小ウメのカリカリ漬け
	下旬	小ウメのウメ干し
6月	上旬	（普通ウメの収穫が始まる） ウメ酒、梅肉エキス、青ウメジャム、カリカリ漬けなど
	中旬	ウメ干し、ウメジュース、黄ウメジャム、ウメの甘露煮など
	下旬	（1週間ほどでウメ干しのウメ酢液が上がってくる） 赤ジソの収穫が始まる
7月	上旬	
	中旬	（土用干し＝7月20日ごろの土用に入ったら、漬けてあるウメを干す。ウメ酢液を保存する）
	下旬	

注：①ウメ酒は一般に半年から1年後、ウメ干しは3～4か月後にできる
②基準地は関東、関西の温暖地

ウメ酒のつくり方

ウメ酒用には35度の焼酎、いわゆるホワイトリカーを使いますが、最近ではブランデー、ウイスキー、各種焼酎、ミリンなど好みの酒類が用いられています。

ウメのエキスがじっくり抽出されたウメ酒

ウメも従来、ウメ酒には青ウメ、しかも白加賀や玉英など果面に赤みのささない、真っ青なものがよいとされてきましたが、今日ではこだわらなくなってきました。むしろ、最近の和歌山県の報告では、熟した南高のほうがよいともいわれています。

収穫したら、できるだけ早く利用する

ここでは、ウメのエキスが抽出されやすい35度のホワイトリカーを用いてのつくり方を紹介します。

材料

青ウメ…１kg
氷砂糖…５００～７００g
ホワイトリカー…1.8ℓ

容器と道具

漬け容器（広口のガラス瓶）、竹ざる、竹串。

つくり方

①ウメは洗ったら竹ざるなどに置いて水気を切ります。
②竹串で、へたを取り除きます。

◆ウメ酒づくりのポイント

①ウメを洗って水気を切り、竹串でへたを取り除く

②煮沸消毒し、よく乾かした広口瓶にウメを入れる

③氷砂糖を入れる。ウメと氷砂糖を交互に入れてもよい

④分量のホワイトリカー（焼酎）を注ぎ入れる

⑤ふたをしてしっかり密閉し、冷暗所に置く

⑥半年から１年で熟成し、まろやかな風味になる

③熱湯消毒し、よく乾かした広口瓶に①と氷砂糖を交互に入れます。④ホワイトリカーを加え、ふたをして冷暗所に置きます。

2～3か月で飲めますが、半年から1年くらい置くと、まろやかになります。また、冷凍したウメを用いると、エキスの抽出が早く、1か月くらいで飲めます。なお、氷砂糖の代わりに普通の砂糖も使えます。

ひと口メモ

ウメ酒は、そのまま食前酒として楽しめますが、炭酸水で割ったり、カクテルなどにも使えます。果実はデザートのほか、肉や魚等の料理にも利用できます。

ウメ干しのつくり方

ウメ干しは、古くから日本人の食生活に欠かせません。ていねいに漬けて土用干しをして仕上げ、上手に保存すれば何年でももち、成分、効用からも世界に誇れるヘルシーな保存食といえます。

これまで各地でさまざまな方法で漬けられてきましたが、ここでは漬け物用ポリ袋などを使った手軽なウメ干しのつくり方を紹介します。

赤ジソを生かした赤ウメ干し

材料

ウメ　熟したウメがよいのですが、もっともよいのは落下するまで完熟したものよりも黄色みを帯びる程度の熟度の実です。このほうが崩れにくく、歩どまりがよいのです。

いただいた青ウメを使ってウメ干しにしたい場合は、黄色みを帯びるまで追熟させてから使いましょう。

塩　食卓塩よりも精製していない漬け物塩、天然塩などが適しています。用いるウメと塩の割合を紹介します。

従来の標準ウメ干し＝ウメの重量の18～20％　ウメ1kgに対し塩180～200g

減塩ウメ干し＝14～16％　ウメ1kgに対して塩140～160g

なお、塩をウメの重量の7～10％程度にした低減塩ウメ干しをつくる場合、ウメ1kgに対して塩70～100gとなり、塩をウメによくからませるようにします。

容器と道具

漬け物用ポリ袋、漬け物用ポリ桶、または瓶、ウメを干すためのざる（竹で編んだものが一般的ですが、プラスチックのざるもあります。また、園芸で挿し木などに用いるコンテナにポリフィルムを敷き、その上にウメを並べて干しても大丈夫です）。竹串、重し（水を入れたペットボトルを利用することもできます）、押しぶた。

つくり方

①ウメを洗う。水をくぐらす程度でよいのですが、ていねいに洗うときには、竹串でへたを取り除いたあと、へたの部分のくぼみのよごれをとります。

②洗ったウメは手でつかんで、濡れたまま漬け物用ポリ袋に移し、所定の塩を加え、袋の底を持って混ぜ、ウメに塩をまぶします。この際、ウメに塩の付着が悪ければ、少し水を振りかけて、塩の付着をよくします。袋が破れないように、廊下など平らなところでおこないます（注1）。

③間もなく液が出始めるので、1日数回、袋の底を持って混ぜると、1～2日で塩が溶けます。溶けたら袋ごと漬け物桶に入れ、袋を絞って空気を追い出し、桶の端で袋の口を縛ります。押しぶたを置き、重しをのせて軽く押さえておきます。重しは、すでに塩が溶けているので、10kgのウメで1ℓのペットボトルに水を一杯に入れたものを載せる程度で十分です。この状態で干す時期まで待ちます（注2、注3）。

④干す時期は、1か月くらい経ってからがもっともよく、遅くとも2か月以内に干すのがよいのですが、遅れてもそれほど問題はありません。一般には、日ざしが強く、天気の安定する土用に干します。

なお、10％以下の減塩ウメ干しはカビやすいので、気温が下がり空気が乾燥する10月以降に干します。

干す手順は、まずウメを取り出し、軽く水をくぐらせてから干すと、ウメの表面に塩をふきません。ウメとウメがくっつかない程度に並べ、1日に1～2回ほど返して、色を見ながらまんべんなく干します。仕上がりはウメの大きさ、天候などにより異なります。あくまで目安ですが、土用の晴天の日で、小ウメは1～2日、中ウメは2～3日、大ウメは3～4日くらいです（注4）。

仕上がったものから順に貯蔵容器に保存します。ちなみに、干し上がったときの重さは、品種にもよりますが、普通のウメで生ウメの50％から、多くても52％くらいです。

ひと口メモ

ここでは、つくり方のところの注釈を加えることにします。

注1 袋の中で塩を溶かす場合、

一つの袋に大量に詰めて混ぜると、ウメが傷みやすく、袋も破れやすいので、たとえば10kg漬けるなら、10kg用の袋を2枚用意し、5kgずつ別の袋で溶かし、塩が溶けたら一つの袋にまとめます。

注2　袋を絞っても、入り口付近は空気が入るので、アルコールの霧を吹きつけ消毒しておけば完璧です。ついでに、桶の中にも吹きかけてふたをしておきます。

漬け物用ポリ袋の中で、漬け液が出始める

注3　シソを入れる場合、もっともおすすめなのは、干したウメに後から加える方法です（注4で）。

最初、あるいは途中からウメと一緒に漬け込む場合は、シソを水で洗い、塩をまぶして黒い汁が出るまでもみ、その汁は搾って捨て、次に出ているウメ酢をカップ1～2杯採り、これをシソに加えてよくもみます。このシソと液をウメの上に載せ、袋を絞って、干す時期まで軽く重しを載せておきます。

土用干し。晴れの日を選び、なるべくウメが重ならないように並べる

注4　干したウメに、あとから加える方法は、ウメ酢に溶けないぶんと、干して紫外線にさらされないぶん、少ないシソの量できれいに着色します。シソは別に漬けておくか、市販の漬けたシソを用います。干し上がったウメに、すぐにシソをまぶさなくても、1年貯蔵しておいてからでもかまいません。

要領は貯蔵容器に干したウメをひと並べし、その上に漬けたシソをひとつかみして、軽くウメの表面をぬぐってから、ウメの上にばらまきます。適当な密度にばらまいたら、2段目を並べ、これを繰り返します。これを2～3週間置くと、ウメにきれいな色が着きます。これでできあがりですが、水気が多く、びしょつくようなら、弱い日に半日から1日かけて干します。

梅肉エキスの効用とつくり方

梅肉《ばいにく》エキスは、ウメの果汁を煮詰めたもので、一度つくっておくと重宝します。

古くから民間薬となっており、江戸期の医学書にも消化不良、食あたり、夏バテ、下痢、便秘、頭痛などに効くと記されています。酸味、苦味が強いとはいえ、塩分をまったく含まないので、高血圧や心臓病など塩分を制限されている人にもすすめられます。

つくるときは、ウメの酸味が金けを嫌うので、一般的には陶製のおろし器を使いますが、ここではミキサーを利用した場合のつくり方を紹介します。

ウメの果汁を煮詰めた梅肉エキスは民間薬

布で果汁を搾り出し、煮詰めていく

材料

青ウメ1kg（ウメ酒に用いる青ウメより若く堅いもの）

容器と道具

ミキサー、布（布巾）、ウメを割りつぶす板2枚、ホウロウ鍋（もしくは土鍋）、木の杓子（もしくは木ベラ）。

つくり方

①ウメを洗ってタネとへたを取り除き、ミキサーでつぶして布で搾ります。タネを除くには、板の上にウメを置き、その上を別の板で押して、果実を割ってから取り出すのが楽です。

②搾った果汁を、ホウロウ引きの

鍋か土鍋を用い、最初は強火から中火で、ある程度、煮詰まってきたら杓子で混ぜながら、とろ火でゆっくり煮詰めます。糸を引くまで煮詰まったらできあがりです。

③ガラス瓶などに詰めて密封しておけば、長期間保存できます。

ひと口メモ

青ウメ1kgで約25gの梅肉エキスができます。飲むときは、1回分の量として耳かき1杯程度です。

果汁の搾りかすは、ジャムなどに利用できます。また、鍋に残ったエキスもむだなく利用するため、鍋を洗わずに水やハチミツを加え、火にかけてひと煮立ちさせ、瓶に入れて冷やしておくと、滋味たっぷりのウメジュースになります。

ウメジュースのつくり方

青ウメでつくる、すっきりしたのど越しのジュースです。ほどよい酸味があり、アルコールが苦手な人や子ども向けに、ノンアルコールのへルシードリンクとして、おすすめすることができます。

このウメジュースは、砂糖の浸透圧を利用してウメのエキスを抽出してつくるものです。

材料

青ウメ…1kg（好みで熟した果実も使える）

砂糖…800〜1kg（氷砂糖でも

すっきりしたのど越しのウメジュース

青ウメを用いるが、好みで色づいた熟果でもよい

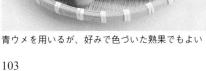

よく、砂糖の量は好みで加減します）

容器と道具

竹串、広口瓶、ボウル。

つくり方

①ウメは洗って、竹串でへたの部分を取り除きます。

②広口瓶にウメと砂糖を詰めるわけですが、早くジュースを出すには、ウメにいかに早く砂糖を付着させるかです。そのために、一つの方法としては、冷凍果実を用いることです。

もう一つの方法は、ボウルに砂糖を入れ、少し水を加えて練り、それをウメにまぶしながら瓶に詰めていくと、早く砂糖が溶けはじめます。溶けはじめたらよく振って混ぜると、すぐにジュースが出てきます。

さらに、10日くらい日を置いてエキスを出します。

ひと口メモ

気温が高いと、発酵して泡が出ることがあります。多少発酵しても別の味で飲めますが、発酵を止めるには、果実とシロップに分け、シロップは瓶に詰め、80℃くらいまで加熱して保存するか、冷凍庫に余裕があれば、冷凍保存します.

あとの果実は冷蔵庫で保存し、そのまま食べてもおいしいものです。また、ジャムや、その他にも利用できます。

氷水や炭酸水、お湯などで割って飲むのが一般的です。また、寒天やゼリーのスイーツにも使えます。

ウメジャムのつくり方

生の青ウメでつくった青ウメジャムは、酸味のきいたさわやかな味わいです。黄色の完熟ウメでつくったジャムは、鮮やかなオレンジ色になり、香り高く酸味も甘みもある味わいです。

ウメは酸味が強いので、使う砂糖の量が多くなります。少しでも砂糖を減らしたい場合は、品種では酸味の少ない豊後系のウメを用います。さらに、青ウメよりも完熟ウメを使います。

材料

青ウメ…５００g（または完熟ウメ５００g）

グラニュー糖…450g（完熟ウメの場合は350～400g）

容器と道具

竹串、ホウロウ鍋（もしくは土鍋）、ボウル、木の杓子（もしくは木ベラ）。

つくり方

①ウメを洗って、竹串でへたの部分を取り除きます。

②洗った果実を鍋に入れ、たっぷり水を加え、弱火で果肉が軟らかくなるまで煮たら火を止め、そのまま冷まします。

③冷めたら、ボウルにウメだけを取りだし、鍋は洗って水を切り、鍋の上で1果ずつ手でつぶし、タネはボウルに戻します。

④タネは、カップ1杯くらいの水を加えてよくもみ、残った果肉をはずし、タネを除いて鍋に加えます。ウメがたくさんあり、面倒であればタネごと廃棄し、この工程をはぶいてもかまいません。

⑤砂糖を加え、中火から弱火で木の杓子でかき混ぜながら、焦げつかないように煮詰めて仕上げます。④をはぶいた場合、水を加えないぶん、仕上がりが早くなります。

ウメジャムは香り高く、酸味も甘みもある味わい

弱火にかけ、かき混ぜながら煮詰める

ひと口メモ

グラニュー糖の量は、裏ごしした青ウメの重量の50～60％といわれています。砂糖の量はなめてみて、好みで加減してもよいでしょう。

長期保存の場合は、ジャムを熱いうちに煮沸消毒した保存瓶に入れ、瓶ごと強火で20～30分煮たあと、水道水を当てて冷ますようにします。

ウメ酢・ウメ干しの利用法

ウメ酢の利用

ウメ干しのウメを漬けるとき、最初に上がってくる漬け汁がウメ酢です。土用干しをおこなうとき、煮沸消毒した水気のない瓶に入れ、保存します。

このウメ酢は、まさに天然の調味料。普通の酢と同様にウメ酢漬け、ピクルス、ウメ酢ドレッシングなどに利用したいものです。

重宝するショウガの赤ウメ酢漬け

ウメ酢漬け　おなじみのショウガ漬けやミョウガ漬けのほか、何にでも応用できます。

ピクルス　キュウリをはじめ、ほかの野菜にも利用できます。

酢の物　酢の代わりに使うと、一味違う酢の物がつくれます。シソを用いた場合、シソの香りもあって一段と美味しくなります。

市販の酢は酢酸あるのに対し、ウメ酢はクエン酸でなので、酢酸のようにツンと鼻を刺激することもなくさわやかです。

ウメ酢ドレッシング　ウメ酢をベースに砂糖、醤油、調味料、その他お好みですりゴマ、ユズなどを加えます。

煮物など　煮物などの料理の下味に、酸味をほとんど感じない程度に用いると味に深みが出ます。

ウメ干しの利用

ウメ干しの酸味や塩味を料理に生かすと、味がひきたちます。

煮魚　煮魚などと一緒に煮ることで、生臭さを消すことができます。

ウメかつお　ウメ干しを小さく刻んで、だし汁、砂糖、醤油、かつお節などを混ぜたもので、キュウリやヤマイモ、生野菜などの和え物などに使えます。応用範囲の広いドレッシングです。

ウメドレッシング　ウメ干しに砂糖、調味料、オリーブオイル、その他、好みでゴマなどを加え、生野菜のドレッシングとして使います。

◆ウメ苗木の入手先一覧

社　名	住　所	〒	TEL	FAX
㈲イシドウ	山形県天童市上荻野戸982-5	994-0053	0236-53-2502	0236-53-2478
㈲菊地園芸	山形県南陽市萩生田955	999-2263	0238-43-5034	0238-43-2590
㈱天香園	山形県東根市中島通り1-34	999-3742	0237-48-1231	0237-48-1170
㈱福島天香園	福島市荒井字上町裏2	960-2156	024-593-2231	024-593-2234
茨城農園	茨城県かすみがうら市高倉129	315-0077	0299-24-3939	0299-23-8395
鈴木農園	茨城県古河市東山田426-1	306-0112	0280-76-1147	0280-76-1147
㈱千代田	茨城県かすみがうら市横堀287	315-0062	0299-59-4068	0299-59-4785
安行復興農場	埼玉県川口市安行692	334-0059	048-296-3134	048-295-2443
㈲前島園芸	山梨県笛吹市八代町北1454	406-0821	055-265-2224	055-265-4284
㈲小町園	長野県上伊那郡中川村片桐針ヶ平	399-3802	0265-88-2628	0265-88-3728
ニッポン緑産㈱	長野県松本市今井2534	390-1131	0263-59-2246	0263-59-2249
早稲田種苗農園	長野県上伊那郡飯島町七久保1626	399-3705	0265-86-2519	0265-86-5039
精農園	新潟市江南区二本木2-4-1	950-0207	025-381-2220	025-382-4180
北斗農園	京都府綾部市物部町岸田20	623-0362	0773-49-0032	0773-49-0679
小坂調苗園	和歌山県紀の川市桃山町調月888	649-6112	0736-66-1221	0736-66-2211
森田養苗園	和歌山県伊都郡かつらぎ町西飯降50-1	649-7114	0736-22-0730	0736-22-7588
岡山農園	岡山県和気郡和気町衣笠516	709-0441	0869-93-0235	0869-92-0554
㈱山陽農園	岡山県赤磐市五日市215	709-0831	086-955-3681	086-955-2240
大石養成園	福岡県久留米市田主丸町上原378	839-1221	0943-72-3155	0943-72-3156
北川農園	福岡県久留米市田主丸町豊城1502	839-1234	0943-72-0770	0943-72-1232
㈲坂本樹苗園	熊本県菊池市泗水町住吉724-4	861-1203	0968-38-2528	0968-38-5758

この他にもウメ苗木の取り扱い先はあります

◎日本梅の会：苗木屋などで入手できない品種についてはご相談ください。
事務所：〒215-0003 神奈川県川崎市麻生区高石4-30-29 大坪宅気付
事務所連絡先：日本梅の会常任幹事：小川喜弘　TEL：090-4900-6327

いなべ市農業公園梅林
〒511-0501　三重県いなべ市藤原町鼎3071
TEL 0594-46-8377

結城神社
〒514-0815　三重県津市藤方2341
TEL 059-228-4806　FAX 059-224-6591

兼六園
〒920-0936　石川県金沢市兼六町1-4
TEL 076-234-3800　FAX 076-234-5292

西田梅林
〒919-1462　福井県三方上中郡若狭町田井
TEL 0770-45-9111

北野天満宮
〒602-8386　京都市上京区馬喰町
TEL 075-461-0005　FAX 075-461-6556

京都府立植物園
〒606-0823　京都市左京区下鴨半木町
TEL 075-701-0141

大阪城公園
〒542-0002　大阪市中央区大阪城1-1
TEL 06-6941-1144

道明寺天満宮
〒583-0012　大阪府藤井寺市道明寺1-16-40
TEL 072-953-2525　FAX 072-955-8055

月ヶ瀬梅渓
〒630-2303　奈良市月ヶ瀬長引
TEL 0743-92-0300　FAX 0743-92-0556

賀名生（あのう）梅林
〒637-0115　奈良県五條市西吉野町北曽木
TEL 0747-22-4001

南部（みなべ）梅林
〒645-0022　和歌山県日高郡みなべ町晩稲
TEL 0739-74-3464

紀州石神田辺梅林
〒646-0101　和歌山県田辺市上芳養字石神
TEL 0739-26-9929　FAX 0739-22-9903

世界の梅公園
〒671-1301
兵庫県たつの市御津町黒崎1858-4
TEL 079-322-4100

綾部山梅林
〒671-1301　兵庫県たつの市御津町黒崎1492
TEL 079-322-3551　FAX 079-322-3651

梅の里公園
〒709-4621　岡山県津山市神代622-1
TEL 0868-57-2075

縮景園（しゅっけいえん）
〒730-0014　広島市中区上幟町2-11
TEL 082-221-3620　FAX 082-221-0515

太宰府天満宮
〒818-0117　福岡県太宰府市宰府4-7-1
TEL 092-922-8225

高岡の月知梅（げっちばい）
〒880-2221　宮崎市高岡町高浜323-2
TEL 0985-82-1111

藤川天神の臥竜梅（がりゅうばい）
〒895-1102
鹿児島県薩摩川内市東郷町藤川
TEL 0996-42-1111

湯之宮の座論梅
〒889-1406
宮崎県児湯郡新富町新田湯之宮18648-1
TEL 0983-33-1111

◆主な梅林・梅園案内（所在地、電話番号など）

瑞巌寺の臥龍梅
〒981-0213
宮城県宮城郡松島町松島字町内91
TEL 022-354-2023　FAX 022-354-5145

偕楽園
〒310-0033　茨城県水戸市常磐町1-3-3
TEL 029-244-5454

弘道館
〒310-0011　茨城県水戸市三の丸1-6-29
TEL 029-231-4725　FAX 029-227-7584

筑波山梅林
〒305-8555　茨城県つくば市沼田
TEL 029-883-1111

越生（おごせ）梅林
〒350-0494　埼玉県入間郡越生町堂山113
TEL 049-292-3121

箕郷（みさと）梅林
〒370-3112　群馬県高崎市箕郷町善地
TEL 027-371-5111

秋間梅林
〒379-0101　群馬県安中市西上秋間
TEL 0273-82-1111

不老園
〒400-0805　山梨県甲府市酒折三丁目4-3
TEL 055-233-5893　FAX 055-232-3550

百草園（もぐさえん）
〒191-0033　東京都日野市百草560
TEL 042-591-3478

神代植物公園
〒182-0017　東京都調布市深大寺元町5-31-10
TEL 042-483-2300

府中市郷土の森公園
〒183-0026　東京都府中市南町6-32
TEL 042-368-7921

羽根木公園
〒155-0033　東京都世田谷区代田4-38-52
TEL 03-5432-3333

湯島天神（湯島天満宮）
〒113-0034　東京都文京区湯島3-30-1
TEL 03-3836-0753　FAX 03-3836-0694

三溪園（さんけいえん）
〒231-0824
神奈川県横浜市中区本牧三之谷58-1
TEL 045-621-0634　FAX 045-621-6343

小田原フラワーガーデン
〒250-0055　神奈川県小田原市久野3798-5
TEL 0465-34-2814

曽我（そが）梅林
〒250-0014
神奈川県小田原市曽我別所、原、中河原
TEL 0465-22-5002　FAX 0465-22-5027

幕山公園
〒259-0392　神奈川県湯河原町鍛冶屋951-1
TEL 0465-63-2111

熱海梅園
〒413-0032　静岡県熱海市梅園町
TEL 0557-85-2222　FAX 0557-85-2211

佐布里（そうり）梅林
〒478-8601　愛知県知多市佐布里台3-101
TEL 0562-33-3151

愛知県植木センター梅園
〒492-8405
愛知県稲沢市堀之内町花ノ木129
TEL 0587-36-1148　FAX 0587-36-4666

日本梅の会

会の定めには、「本会は梅を愛好し研究するものをもって組織する」とあります。つまり、梅が好きな方はどなたでもどうぞという会です。次のような事業をおこなうことを目的としています。①梅に関する研究、②品種の保存、③梅園、梅の名所および梅樹の愛護保存に関する奨励指導、④講演会、展覧会、見学会の開催、⑤梅の優良品種の苗木配布、⑥機関誌「梅」の刊行配布などです。昭和６年に東京都建設局緑地部の有志が立ち上げた会で、年1回の会誌を発行している由緒ある会です。現在、会員70余名、年会費4000円。年1回、観梅会をおこなっています。なお、苗木の斡旋をしています。入手できない品種がありましたらご相談ください。

事務所　神奈川県川崎市麻生区高石4-30-29　日本梅の会会長：大坪孝之宅
事務連絡先　日本梅の会常任幹事：小川喜弘宅　TEL：090-4900-6327

ウメはすがすがしい香気や酸味にあふれている

●

デザイン――寺田有恒　ビレッジ・ハウス
イラストレーション――宍田利孝
撮影――三宅 岳　大坪孝之　ほか
取材協力――日本梅の会　世田谷区立「土と農の交流園」
府中市郷土の森公園　東京大学小石川植物園
長浜観光協会　小石川後楽園　梅料理研究会
ほか
編集協力――酒井茂之
校正――吉田 仁

著者プロフィール

●大坪孝之（おおつぼ たかゆき）

現在、日本梅の会会長、東京農業大学グリーンアカデミー講師。農学博士。

1939年、広島県生まれ。長年、東京農業大学果樹学研究室で助教授などとして果樹全般にわたり、栽培研究・指導にあたる。NHKテレビ番組「趣味の園芸」でウメや果樹の講師として出演。現職のかたわら、自宅で花ウメを栽培したり、近くの柑橘や実ウメなどを中心とした果樹園の管理を受け持ったり、東京の世田谷区立「土と農の交流園」講師などを務めたりしている。とくに実ウメ、花ウメのわかりやすい解説には定評があり、各地からの講演・指導要請が多い。

主な著書に『よくわかる栽培12か月 ウメ』(NHK出版)、『おいしく実る家庭で楽しむ果樹づくり』（家の光協会）など。

育《そだ》てて楽《たの》しむウメ　栽培《さいばい》・利用《りよう》加工《かこう》

2015年２月18日　第１刷発行

著　　者――大坪孝之《おおつぼたかゆき》

発 行 者――相場博也

発 行 所――株式会社 創森社

〒162-0805 東京都新宿区矢来町96-4

TEL 03-5228-2270　FAX 03-5228-2410

http://www.soshinsha-pub.com

振替00160-7-770406

組　　版――有限会社 天龍社

印刷製本――中央精版印刷株式会社

 ISBN978-4-88340-296-0 C0061